수식으로 표현한 과학 5

JN429958

고등학생과 선생님을 위한

전자기학, 수식으로 표현해 보자

김 성 태 지음

재미난인연

머리말

전자기학은 물리학을 구성하는 큰 한 부분이며 이를 이해하는 방법으로는 수식을 사용하는 방법과 정성적인 이해 방법을 들 수 있다.

중•고등학교 과학 교과서에 수록된 전자기학 영역의 내용을 설명하는 방법에는 정성적인 방법과 수식을 사용하는 방법(정량적인 방법)이 혼재되어 있다. 수식을 사용한다고 해도 일반적인 경우 보다도 특별한 경우의 예를 들을 이를 수식으로 전개하고 결론을 도출하는 경우가 대부분이다. 이 책은 중•고등학교 과학 교과서의 전자기학 영역의 내용을 될 수 있으면 일반화된 식에서 출발하여 식을 유도하고 식에 대한 탐구를 더 필요로 하는 학생들을 위해 식에 대응하는 문제들을 같이 쉽게 엮어 놓았다.

이 책을 통해 공부하는 학생들의 전자기학에 대한 이해의 폭이 좀 더 확장되어 나갔으면 바라고 전자기학 영역을 가르치는 중•고등학교 선생님들에게는 참고자료로 널리 활용되기를 바란다.

2024년 10월 15일

김　성　태

차 례

1. 쿨롱 법칙(Coulomb's law)

쿨롱은 실험을 통해 두 전하 사이에 작용하는 힘의 크기가 두 전하의 전하량의 곱에 비례하고 전하 사이의 거리 제곱에 반비례함을 알았다.

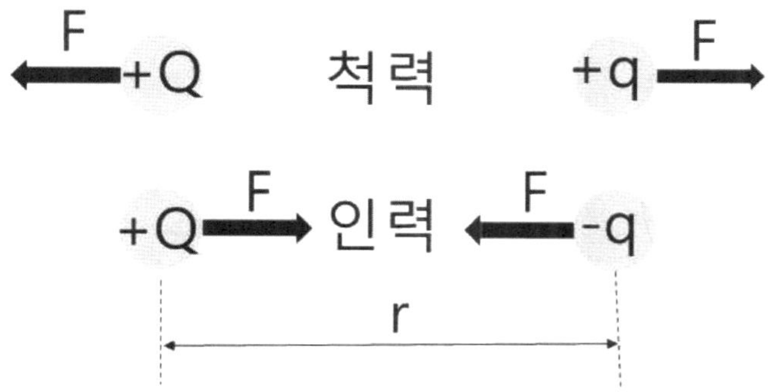

<그림 1-1>

<그림 1-1>처럼 두 전하 사이의 거리를 r, 두 전하의 전하량을 각각 q, Q라고 할 때 두 전하 사이에 작용하는 힘의 크기 즉 전기력 F는

$$F \propto \frac{qQ}{r^2} \Rightarrow F = k_e \frac{qQ}{r^2} \quad \cdots\cdots\cdots\cdots \langle 식\ 1\text{-}1 \rangle$$

가 된다(쿨롱 법칙). 비례상수 k_e는 $k_e = \frac{1}{4\pi\epsilon_0}$이고 진공의 유전율 $\epsilon_0(\epsilon_0 = 8.85 \times 10^{-12} \mathrm{C}^2/\mathrm{Nm}^2)$를 포함하고 있다. 계산해 보면 $k_e = \frac{1}{4\pi \times 8.85 \times 10^{-12} \mathrm{C}^2/\mathrm{Nm}^2} = 8.992 \times 10^9 \mathrm{Nm}^2/\mathrm{C}^2$이다.

쿨롱 법칙을 적용할 수 있는 전하는 내부 크기가 없는 점전하이며 크기를 가지거나 모양이 비대칭적이면 이 법칙이 성립하지 않는다.

1. 수소 원자에서의 양성자와 전자 사이의 전기력

수소 원자는 원자핵이 전하량 1.6×10^{-19}C인 양성자와 이로부터 0.529×10^{-10}m정도 떨어진 곳에 존재하는 전하량이 -1.6×10^{-19}C인 전자로 이루어져 있다. <식 1-1>을 사용하면

$$F = 8.992 \times 10^9 \mathrm{Nm}^2/\mathrm{C}^2 \times \frac{-(1.6 \times 10^{-19}\mathrm{C})^2}{(0.529 \times 10^{-10}\mathrm{m})^2} = -8.233 \times 10^{-8}\mathrm{N}$$

이다. 이 힘의 크기는 양성자와 전자 사이에 작용하는 중력 크기보다 훨씬 크기 때문에 중력은 무

시할 수 있다.

2. 점전하들에 의한 전기력

<그림 1-2>처럼 점전하들이 모여 있을 경우 P점에서 전하량 Q인 입자가 받는 전기력은 각각의 점전하들이 P점에 작용하는 전기력을 더하면 된다.

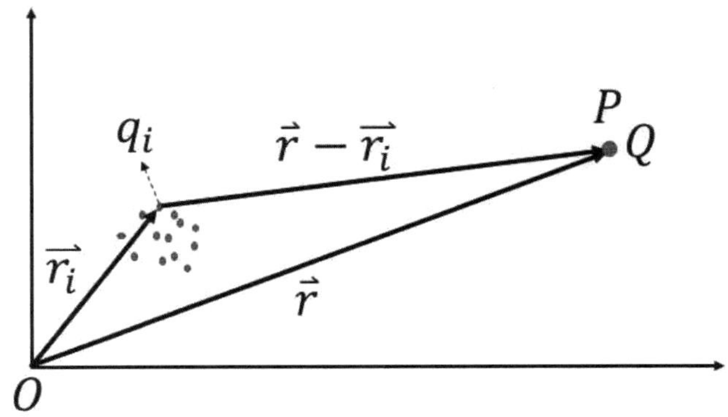

<그림 1-2>

먼저 점전하 q_i가 P점에 만드는 전기력 $\overrightarrow{F_i}$는 <식 1-1>에 의해 $\overrightarrow{F_i}=k_e\frac{q_iQ}{\left|\vec{r}-\vec{r_i}\right|^2}\hat{r_i}$가 되고 각 점전하에 의한 단위벡터<부록 1> $\hat{r_i}$는 $\hat{r_i}=\frac{\vec{r}-\vec{r_i}}{\left|\vec{r}-\vec{r_i}\right|}$이고 점전하가 N개 있으면 N개에 의한 전기력을 모두 더하면 P점에서의 전기력은

$$\vec{F}=k_e\sum_{i=1}^{N}\overrightarrow{F_i}=k_e\sum_{i=1}^{N}\frac{q_iQ}{\left|\vec{r}-\vec{r_i}\right|^2}\hat{r_i} \quad \cdots\cdots\cdots\cdots <식\ 1\text{-}2>$$

이 된다.

가. <그림 1-3>과 같이 한 변의 길이가 d인 정사각형 모서리 A, B, C에 점전하가 각각 $3q, q, q$로 고정되어 있을 때 정사각형 중심 O점에서 점전하 q가 받는 힘의 크기와 방향은 어떻게 될까?

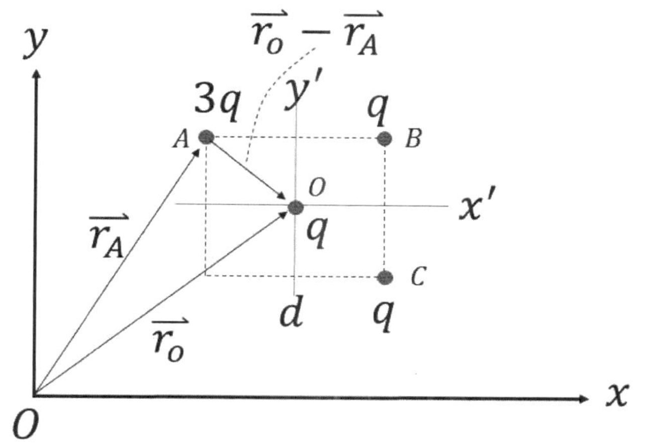

<그림 1-3>

먼저 A가 O에 작용하는 힘 f_{OA}는 <식 1-2>를 사용하면 $f_{OA}=k_e\dfrac{3q\times q}{\left(\dfrac{\sqrt{2}}{2}d\right)^2}$이고 같은 방법으로 하면 $f_{OB}=k_e\dfrac{q\times q}{\left(\dfrac{\sqrt{2}}{2}d\right)^2}$, $f_{OC}=k_e\dfrac{q\times q}{\left(\dfrac{\sqrt{2}}{2}d\right)^2}$가 되고 $|f_{OA}|=3|f_{OC}|=3|f_{OB}|$의 관계가 있다. 이를 <그림 1-4>의 (가)에 나타내었다.

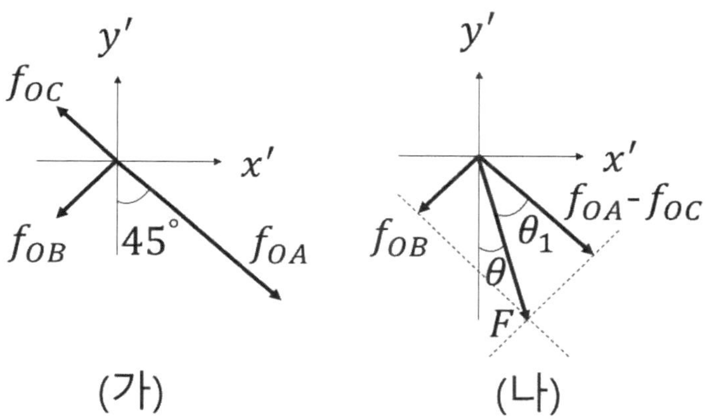

<그림 1-4>

세 힘의 합 $\vec{F}$는 $\vec{F}=\overrightarrow{f_{OA}}+\overrightarrow{f_{OC}}+\overrightarrow{f_{OB}}$이고 <그림 1-4>의 (나)에서 크기를 구해보면

$$F=\sqrt{f_{OB}^2+(f_{OA}-f_{OC})^2+2f_{OB}(f_{OA}-f_{OC})\cos\frac{\pi}{2}}=\sqrt{\left[k_e\frac{q^2}{\left(\frac{\sqrt{2}}{2}d\right)^2}\right]^2+\left[k_e\frac{2q^2}{\left(\frac{\sqrt{2}}{2}d\right)^2}\right]^2}$$

$$=k_e\frac{q^2}{d^2}2\sqrt{5}$$ <부록 2>

가 되고 $\tan\theta_1=\frac{f_{OB}}{f_{OA}-f_{OC}}=\frac{1}{2}$이므로 $\theta_1=\tan^{-1}\left(\frac{1}{2}\right)\approx 26.565^\circ$이므로 $\theta=45^\circ-26.565^\circ=18.435^\circ$ 이다.

나. <그림 1-5>처럼 $r=\infty$에 존재하는 점전하 q를 $r=R$까지 옮기는데 필요한 일(W)의 양은 얼마나 될까?

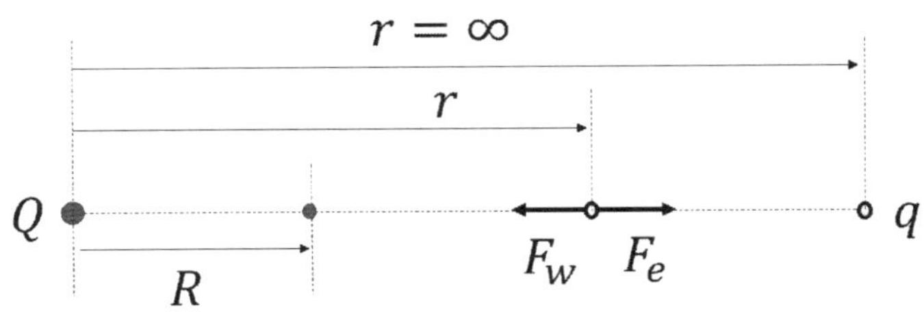

<그림 1-5>

먼저 $r=\infty$에서 q는 전기력을 받지 않지만 r지점에서는 $\overrightarrow{F_e}=k_e\frac{Qq}{r^2}\hat{r}$이므로 $\overrightarrow{F_e}$와 반대 방향의 힘 $\overrightarrow{F_w}$를 가해야 한다. 이때 r지점에서 $dW=\overrightarrow{F_w}\cdot\overrightarrow{dr}=-F_w dr$<부록 3>이므로 이를 $r=\infty$에서 $r=R$까지 적분하면

$$W=\int_{r=\infty}^{r=R}-k_e\frac{Qq}{r^2}dr=\left[k_e\frac{Qq}{r}\right]_{r=\infty}^{r=R}=k_e\frac{Qq}{R}$$

이다.

2. 전기장(Electric field)

전기력이 미치는 공간을 전기장($\vec{E}$)이라고 한다. 즉 공간상에 놓인 전하에 의해 공간이 다른 전하에 전기력을 미치는 공간이다.
<그림 2-1>은 공간상에 놓인 전하 Q와 $-Q$에 의해 단위 전하 $1C$이 받는 힘의 크기와 방향을 화살표로 나타내었다.

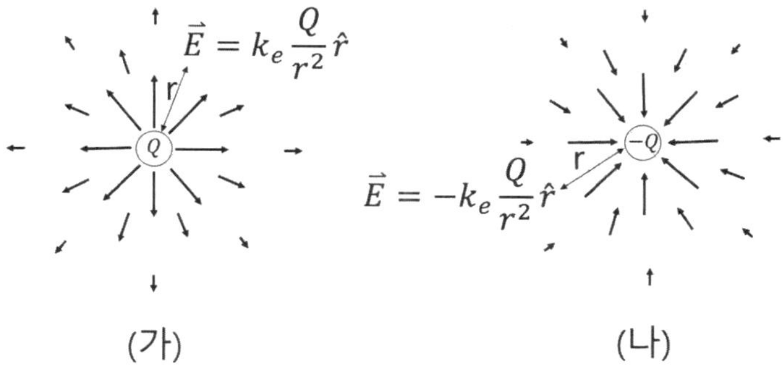

<그림 2-1>

<식 1-1>의 $F = k_e \frac{Qq}{r^2}$에서 $\frac{F}{q} = k_e \frac{Q}{r^2}$는 단위 전하가 받는 힘이고 이는 <그림 2-1>의 화살표와 같다. 화살표의 방향은 전기장의 방향, 길이는 전기장의 크기를 나타낸다. 즉 전기장($\vec{E}$)은 단위 전하가 받는 힘으로

$$\vec{E} = \frac{\vec{F}}{q} = k_e \frac{Q}{r^2}\hat{r} \quad \cdots\cdots\cdots\cdots <식\ 2\text{-}1>$$

이 된다.

1. 점전하들에 의한 전기장
<그림 2-2>처럼 점전하가 여러 개 모여 있을 경우 점 P에서의 전기장은 어떻게 될까?

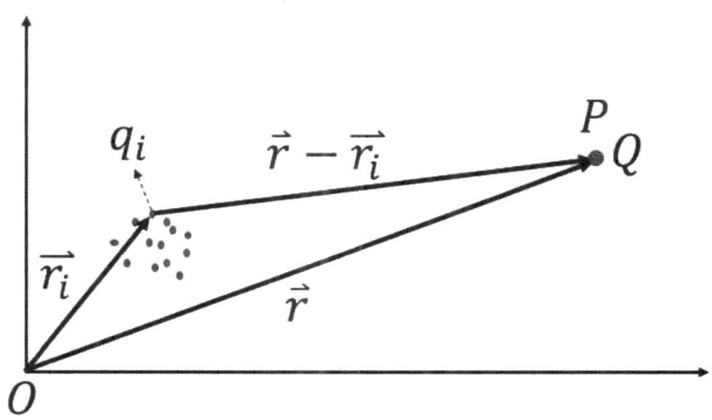

〈그림 2-2〉

먼저 전하 q_i가 만드는 점 P에서의 전기장($\overrightarrow{E_i}$)는 〈식 2-1〉에 의해 $\overrightarrow{E_i}=k_e\frac{q_i}{|\vec{r}-\vec{r_i}|^2}\hat{r_i}$가 되고 각 점전하에 의한 단위벡터 $\hat{r_i}$는 $\hat{r_i}=\frac{\vec{r}-\vec{r_i}}{|\vec{r}-\vec{r_i}|}$이고 점전하가 N개 있으면 N개에 의한 전기장을 모두 더하면 P에서의 전기장이 되는데 이를 식으로 표현하면

$$\vec{E}=k_e\sum_{i=1}^{N}\overrightarrow{E_i}=k_e\sum_{i=1}^{N}\frac{q_i}{|\vec{r}-\vec{r_i}|}\hat{r_i} \quad \cdots\cdots\cdots\cdots〈식\ 2\text{-}2〉$$

이 된다. 점전하의 개수가 많으면 〈식 2-2〉는 계산이 복잡하고 풀기가 어려워진다.

〈그림 1-3〉의 O점에서의 전기장의 크기는 〈식 2-1〉을 사용하면

$$E=\frac{F}{q}=\frac{k_e\frac{q^2}{d^2}2\sqrt{5}}{q}=k_e\frac{q}{d^2}2\sqrt{5}$$

이다.

2. 전하가 일직선상에 균일하게 분포할 때의 전기장

〈그림 2-3〉처럼 전하가 선 밀도 λ(line density)로 일정하게 분포된 긴 직선 위의 점 P에서의 전기장은 어떻게 될까?

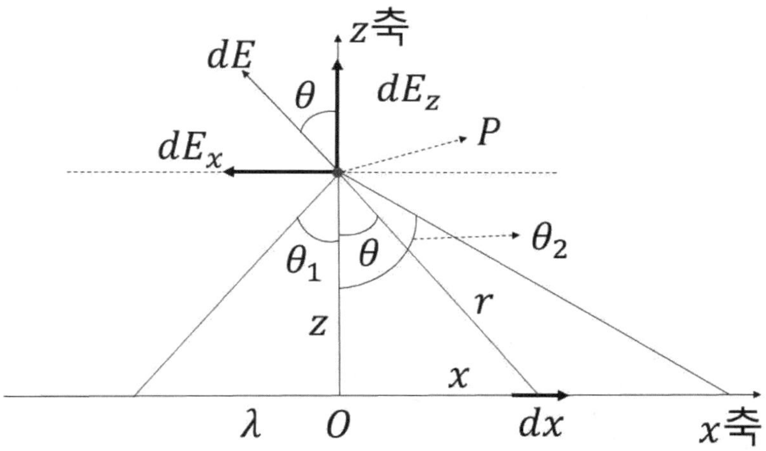

〈그림 2-3〉

미소 길이 dx가 가지는 전하량 dq는 $dq=\lambda dx$이므로 이 미소 전하량이 점 P에 만드는 미소 전기장은 dE이다. dE는 x축, z축 방향으로 각각 dE_x, dE_z방향으로 분해되고 O점을 중심으로 도선이 대칭일 때 dE_x는 O점을 중심으로 양쪽에서 만들어진 전기장에 의해 상쇄되고 dE_z만 남게 되어 $dE_z=dE\cos\theta$가 된다.

그러므로 dE_z은

$$dE_z = k_e\frac{dq}{r^2}\cos\theta = k_e\frac{\lambda dx}{r^2}\cos\theta \quad \cdots\cdots\cdots\cdots\langle 식\ 2\text{-}3\rangle$$

가 된다. 식에 $x=z\tan\theta \Rightarrow dx = z\sec^2\theta d\theta$<부록 4>, $z=r\cos\theta \Rightarrow (\frac{1}{r})^2=(\frac{\cos\theta}{z})^2$을 사용하여 정리하면

$$dE_z = k_e(\frac{\cos\theta}{z})^2\lambda z\sec^2\theta\cos\theta d\theta = k_e\frac{\lambda}{z}\cos\theta d\theta \quad \cdots\cdots\cdots\cdots\langle 식\ 2\text{-}4\rangle$$

가 된다. x축의 구간이 유한하면 θ에 대한 적분 구간은 θ_1에서 θ_2까지 이며 이를 <식 2-4>에 적용하면

$$E_z = k_e\int_{\theta_1}^{\theta_2}\frac{\lambda}{z}\cos\theta d\theta = \frac{k_e\lambda}{z}(\sin\theta_2-\sin\theta_1) \quad \cdots\cdots\cdots\cdots\langle 식\ 2\text{-}5\rangle$$

이다. x축의 구간이 무한하면 적분 구간은 $\theta_1=-\frac{\pi}{2}$에서 $\theta_2=\frac{\pi}{2}$까지이며 이를 <식 2-5>에 적용하면

$$E_z = 2\frac{k_e\lambda}{z} = 2\frac{1}{4\pi\epsilon_0}\frac{\lambda}{z} = \frac{1}{2\pi\epsilon_0}\frac{\lambda}{z} \quad \cdots\cdots\cdots\cdots\langle 식\ 2\text{-}6\rangle$$

이다. <식 2-6>은 직선 도선으로부터 떨어진 거리 z의 일차항에 반비례한다.

만약 O점을 중심으로 도선이 대칭이 아닐 때 dE_x는 0이 되지 않고 dE_x 성분이 남게 되는데 <그림 2-3>을 보면

$$dE_x = k_e \frac{\lambda dx}{r^2}(-\sin\theta)\hat{x} \quad \cdots\cdots\cdots\cdots\langle\text{식 2-7}\rangle$$

이 된다. E_x를 적분을 통해 구해보면

$$\vec{E}_x = k_e \int_{\theta_1}^{\theta_2} \left(\frac{\cos\theta}{z}\right)^2 \lambda z \sec^2\theta(-\sin\theta)d\theta\hat{x} \quad \cdots\cdots\cdots\cdots\langle\text{식 2-8}\rangle$$

이 되고, 적분 값은

$$\vec{E}_x = \frac{k_e\lambda}{z}(\cos\theta_2 - \cos\theta_1)\hat{x} \quad \cdots\cdots\cdots\cdots\langle\text{식 2-9}\rangle$$

이 된다. 만약 도선이 O점을 중심으로 도선이 대칭이면 $\cos\theta_2 = \cos\theta_1$이므로 <식 2-9>의 적분 값은 0이 된다.

3. 전하가 원형 고리(ring)에 균일하게 분포할 때의 전기장

<그림 2-4>처럼 전하가 선 전하 밀도 λ(line charge density)로 균일하게 분포된 원형 고리 중심 위의 점 P에서의 전기장은 어떻게 될까?

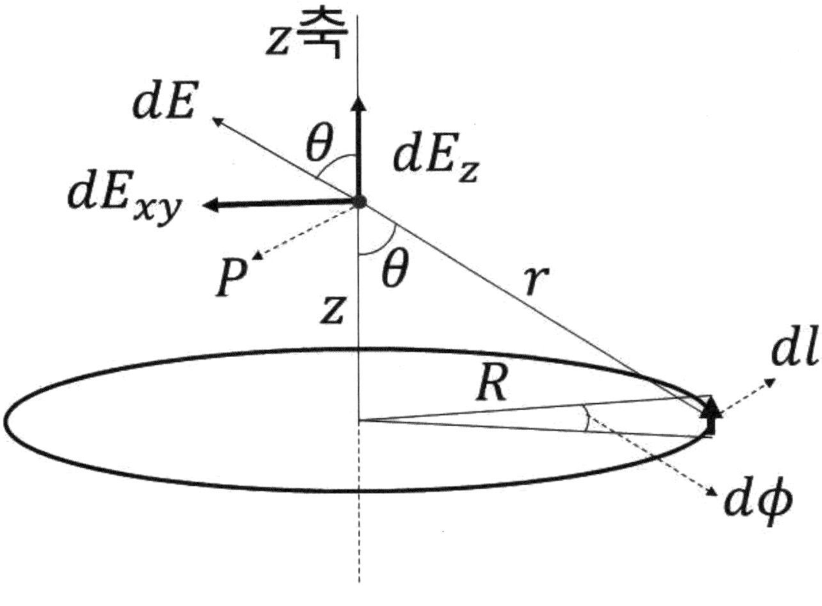

<그림 2-4>

미소 길이 dl이 가지는 전하량은 $dq=\lambda dl$이므로 이 미소 전하량이 점 P에 만드는 미소 전기장은 dE이다. dE는 xy축, z축 방향으로 각각 dE_{xy}, dE_z 방향으로 분해되며 원형 고리의 대칭성 때문에 dE_{xy}는 상쇄되고 dE_z만 남게 되어 $dE_z = dE\cos\theta$가 된다.

그러므로 dE_z은

$$dE_z = k_e \frac{dq}{r^2}\cos\theta = k_e \frac{\lambda dl}{r^2}\cos\theta \hat{z} \quad \cdots\cdots\cdots\cdots \langle 식\ 2\text{-}10\rangle$$

이 된다. $dl = Rd\phi,\ \cos\theta = \frac{z}{r}$을 사용하여 <식 2-10>을 적분하면

$$E_z = \int_0^{2\pi} k_e \frac{\lambda R}{r^2}\frac{z}{r}d\phi\hat{z} = k_e \frac{\lambda Rz}{r^3}2\pi\hat{z}$$

이 되고 $r^2 = z^2 + R^2$을 사용하면

$$E_z = k_e \frac{\lambda(2\pi R)z}{(z^2+R^2)^{\frac{3}{2}}}\hat{z} \quad \cdots\cdots\cdots\cdots \langle 식\ 2\text{-}11\rangle$$

이 된다. 원형 고리의 중심 $z=0$인 지점은 <식 2-11>에서 예상대로 전하가 대칭되는 지점이기 때문에 $E_z = 0$이 된다.

4. 전하가 정사각형 고리에 균일하게 분포할 때의 전기장

<그림 2-5>처럼 변의 길이가 a인 정사각형 고리에 선 전하 밀도 λ(line charge density)로 균일하게 분포된 고리 중심 위의 점 P에서의 전기장은 어떻게 될까?

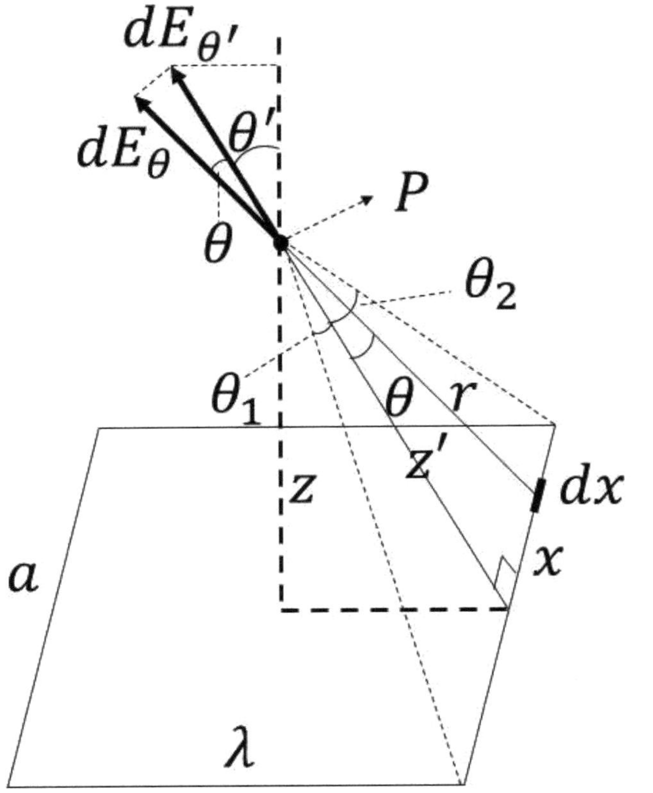

<그림 2-5>

미소 길이 dx의 전하량은 $dq=\lambda dx$이므로 이 미소 전하량이 점 P에 만드는 미소 전기장은 dE_θ이다. dE_θ를 구해보면 dE_θ의 고리와 평행한 성분은 다른 고리에 의해 상쇄되고 θ'방향의 성분만 남으므로

$$dE_{\theta'}=k_e\frac{\lambda dx}{r^2}\cos\theta \quad \cdots\cdots\cdots\cdots \langle 식\ 2\text{-}12\rangle$$

가 된다. <식 2-12>는 다시 고리와 평행한 성분과 $\hat{z}$방향의 성분으로 나눌 수 있고 고리와 평행한 성분은 다른 고리에 의해 상쇄되고 $\hat{z}$방향의 성분만 남으므로

$$dE_{\theta'(\hat{z})}=k_e\frac{\lambda dx}{r^2}\cos\theta\cos\theta'\hat{z} \quad \cdots\cdots\cdots\cdots \langle 식\ 2\text{-}13\rangle$$

이 된다.

$z'=r\cos\theta$에서 $\frac{1}{r^2}=\left(\frac{\cos\theta}{z'}\right)^2$, $x=z'\tan\theta$에서 $dx=z'\sec^2\theta d\theta$를 <식 2-13>에 대입하면

$$dE_{\theta'(\hat{z})} = k_e \left(\frac{\cos\theta}{z'} \right)^2 \lambda z' \sec^2\theta d\theta \cos\theta \cos\theta' \hat{z} \quad \cdots\cdots\cdots\cdots \text{<식 2-14>}$$

이 된다. <그림 2-5>에서 $\cos\theta' = \frac{z}{\sqrt{z^2 + \left(\frac{a}{2}\right)^2}}$을 <식 2-14>에 대입하고 정리하면

$dE_{\theta'(\hat{z})} = k_e \frac{1}{z'} \lambda \frac{z}{\sqrt{z^2 + \left(\frac{a}{2}\right)^2}} \cos\theta d\theta \hat{z}$이 되고 4개 변의 효과를 고려하면

$$\vec{E} = 4 \times \int dE_{\theta'(\hat{z})} = 4k_e \frac{\lambda z}{z'} \frac{1}{\sqrt{z^2 + \left(\frac{a}{2}\right)^2}} \int \cos\theta d\theta \hat{z} \quad \cdots\cdots\cdots\cdots \text{<식 2-15>}$$

이 된다. <식 2-15>에 $z' = \sqrt{z^2 + \left(\frac{a}{2}\right)^2}$을 사용하고 적분 구간을 $-\theta_1$에서 θ_2까지 취하면

$$\vec{E} = 4 \times \int dE_{\theta'(\hat{z})} = 4k_e \frac{\lambda z}{z^2 + \frac{a^2}{4}} \int_{-\theta_1}^{\theta_2} \cos\theta d\theta \hat{z} = 4k_e \frac{\lambda z}{z^2 + \frac{a^2}{4}} [\sin\theta_2 - \sin(-\theta_1)] \hat{z}$$

이 된다. $\sin\theta_1 = \sin\theta_2$이고 $\sin\theta_2 - \sin(-\theta_1) = 2\sin\theta_1$, $\sin\theta_1 = \frac{\frac{a}{2}}{\sqrt{\left(\frac{a}{2}\right)^2 + (z')^2}}$이고 $z' = \sqrt{z^2 + \frac{a^2}{4}}$

을 사용하면 $\sin\theta_1 = \frac{\frac{a}{2}}{\sqrt{z^2 + \frac{a^2}{2}}}$이 되므로

$$\vec{E} = k_e \frac{4\lambda z}{z^2 + \frac{a^2}{4}} \frac{a}{\sqrt{z^2 + \frac{a^2}{2}}} \hat{z} \quad \cdots\cdots\cdots\cdots \text{<식 2-16>}$$

이 된다.

만약 $z \gg a$이면 $\sqrt{z^2 + \frac{a^2}{2}} \approx z$, $\frac{z}{z^2 + \frac{a^2}{4}} \approx \frac{1}{z}$, $4\lambda a = Q$이므로 <식 2-16>은 전하 Q가 한 점에 있는 것과 같은 $\vec{E} \approx k_e \frac{Q}{z^2} \hat{z}$이 된다.

5. 전하가 원반에 균일하게 분포할 때의 전기장

<그림 2-6>처럼 반지름이 R인 원반에 면 전하 밀도 σ(surface charge density)로 균일하게 분포된 고리 중심에서 z만큼 떨어진 점 P에서의 전기장은 어떻게 될까?

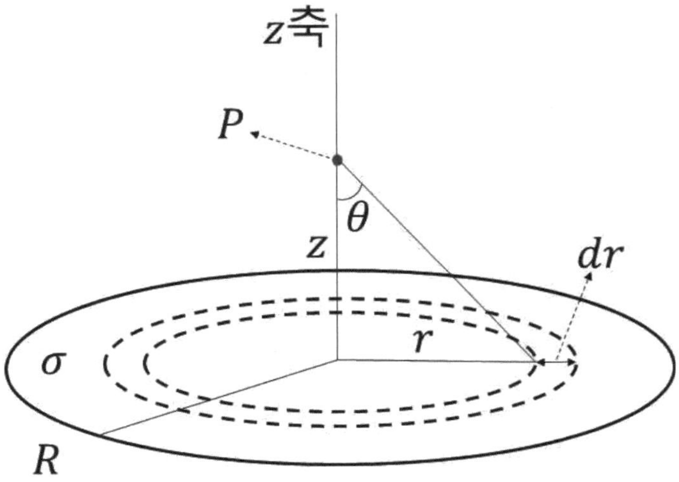

<그림 2-6>

<그림 2-6>에서 반지름이 r인 고리 1개에 의한 P점에서의 전기장은 <식 2-11>에 의해 $E_{ring} = k_e \frac{\lambda(2\pi r)z}{(z^2+r^2)^{\frac{3}{2}}}\hat{z}$이고 $\lambda 2\pi r = q$이다. 두께가 dr인 고리를 생각하면 $\lambda 2\pi r$는 $\sigma 2\pi r dr$로 E_{ring}은 dE_{ring}으로 되어 $dE_{ring} = k_e \frac{\sigma(2\pi r)z}{(z^2+r^2)^{\frac{3}{2}}}\hat{z}dr$가 된다. 고리를 다 모으면 원반이 되고 이 원반에 의한 전기장은

$$E_{disk} = \int_0^R k_e \frac{\sigma 2\pi z r}{(z^2+r^2)^{\frac{3}{2}}}\hat{z}dr \quad \cdots\cdots\cdots\cdots \text{<식 2-17>}$$

가 된다. <식 2-17>에서 $r = z\tan\theta$로 두면 $r=0$일 때 $\theta = 0$, $r=R$일 때 $\theta = \tan^{-1}\left(\frac{R}{z}\right)$, $dr = z\sec^2\theta d\theta$를 사용하면

$$E_{disk} = \int_0^{\tan^{-1}\left(\frac{R}{z}\right)} k_e \frac{\sigma 2\pi z z \tan\theta}{(z^2 + z^2\tan^2\theta)^{\frac{3}{2}}} \hat{z} z \sec^2\theta d\theta$$

$$= k_e \sigma 2\pi z \int_0^{\tan^{-1}\left(\frac{R}{z}\right)} \frac{z^2 \tan\theta \sec^2\theta}{z^3 \sec^3\theta} \hat{z} d\theta$$

$$= k_e \sigma 2\pi z \int_0^{\tan^{-1}\left(\frac{R}{z}\right)} \frac{1}{z} \sin\theta \hat{z} d\theta$$

$$= k_e \sigma 2\pi z \frac{1}{z} [-\cos\theta]_0^{\tan^{-1}\left(\frac{R}{z}\right)} \hat{z} d\theta$$

$$= k_e \sigma 2\pi z \frac{1}{z} (1 - \cos\theta) \hat{z}$$

이 된다. <그림 2-6>에서 $\cos\theta = \frac{z}{\sqrt{z^2 + R^2}}$ 이고 $k_e = \frac{1}{4\pi\epsilon_0}$ 을 사용하면

$$E_{disk} = \frac{1}{4\pi\epsilon_0} \sigma 2\pi z \frac{1}{z} \left(1 - \frac{z}{\sqrt{R^2 + z^2}}\right) \hat{z} = \frac{1}{4\pi\epsilon_0} \sigma 2\pi z \left(\frac{1}{z} - \frac{1}{\sqrt{R^2 + z^2}}\right) \hat{z} \quad \cdots\cdots\cdots\cdots \text{<식 2-18>}$$

이 된다.

만약 $z \gg R$이면 $\frac{1}{\sqrt{z^2 + R^2}} = \frac{1}{z}(1 + \frac{R^2}{z^2})^{-\frac{1}{2}}$ 이고 $(1 + \frac{R^2}{z^2})^{-\frac{1}{2}}$ 을 다음과 같이 전개하면

$\left(1 + \frac{R^2}{z^2}\right)^{-\frac{1}{2}} = 1 + \left(-\frac{1}{2}\right)\left(\frac{R^2}{z^2}\right) + \frac{\left(-\frac{1}{2}\right)\left(-\frac{1}{2} - 1\right)}{2!}\left(\frac{R^2}{z^2}\right)^2 + \ldots$ 가 되고<참고 6> $\left(\frac{R^2}{z^2}\right)$의 1차 항만 취하면 $\left(1 + \frac{R^2}{z^2}\right)^{-\frac{1}{2}} \approx 1 + \left(-\frac{1}{2}\right)\left(\frac{R^2}{z^2}\right)$가 되므로 $\frac{1}{\sqrt{z^2 + R^2}} = \frac{1}{z}\left(1 + \frac{R^2}{z^2}\right)^{-\frac{1}{2}} \approx \frac{1}{z}\left(1 - \frac{1}{2}\frac{R^2}{z^2}\right)$

이 된다. 이를 <식 2-18>에 대입하면

$$E_{disk} \approx \frac{1}{4\pi\epsilon_0} \sigma 2\pi z \left[\frac{1}{z} - \frac{1}{z}\left(1 - \frac{1}{2}\frac{R^2}{z^2}\right)\right] \hat{z}$$

가 된다. $Q = \pi R^2 \sigma$이므로

$$E_{disk} \approx \frac{1}{4\pi\epsilon_0} \frac{Q}{z^2} \hat{z} \quad \cdots\cdots\cdots\cdots \text{<식 2-19>}$$

이 된다. 이는 $z \gg R$일 경우 모든 전하가 한점에 있는 것과 같아진다.

반면 $z \ll R$이면 <식 2-18>에서 $\frac{1}{\sqrt{z^2+R^2}} \rightarrow 0$에 접근하므로 <식 2-18>은

$$E_{disk} \approx \frac{1}{4\pi\epsilon_0}\sigma 2\pi z\left(\frac{1}{z}-0\right)\hat{z} = \frac{2\pi\sigma}{4\pi\epsilon_0}\hat{z} = \frac{\sigma}{2\epsilon_0}\hat{z} \quad \cdots\cdots\cdots\cdots \text{<식 2-20>}$$

이 된다. 즉 전기장은 거리 z에 무관한 양이 된다.

이번에는 <식 2-18>의 결과를 다른 방법으로 구해보자. <그림 2-7>처럼 극좌표를 이용하면

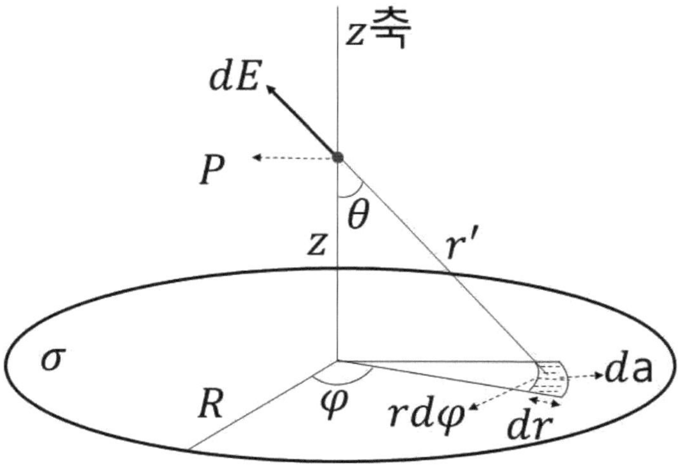

<그림 2-7>

원반 위의 미소 면적 da는 $da = rdrd\phi$, 미소 전하량 dq는 $dq = \sigma da$가 되므로 $dE = k_e \frac{\sigma da}{(r')^2}$가 된다.

dE의 원반과 나란한 성분은 없어지고 $\hat{z}$방향 성분만 남으므로 $dE_z = k_e \frac{\sigma da}{(r')^2}\cos\theta$가 된다. da와

$\cos\theta = \frac{z}{r'}$을 사용하여 적분하면

$E_z = \int k_e \frac{\sigma r}{(r')^2}\frac{z}{r'}\hat{z}drd\phi$이고 $\int_0^{2\pi} d\phi = 2\pi$, $r' = \sqrt{r^2+z^2}$을 사용하면

$$E = \int_0^R k_e \frac{\sigma 2\pi z r}{(z^2+r^2)^{\frac{3}{2}}}\hat{z}dr \quad \cdots\cdots\cdots\cdots \text{<식 2-21>}$$

가 된다. <식 2-21>은 <식 2-17>과 같은 식이 되어 결과는 같다.

6. 전하가 공 껍질에 균일하게 분포할 때의 전기장

<그림 2-8>처럼 반지름이 R인 공 껍질에 면 전하 밀도 σ(surface charge density)로 균일하게 분포된 공 중심에서 z만큼 떨어진 곳에서의 전기장은 어떻게 될까?

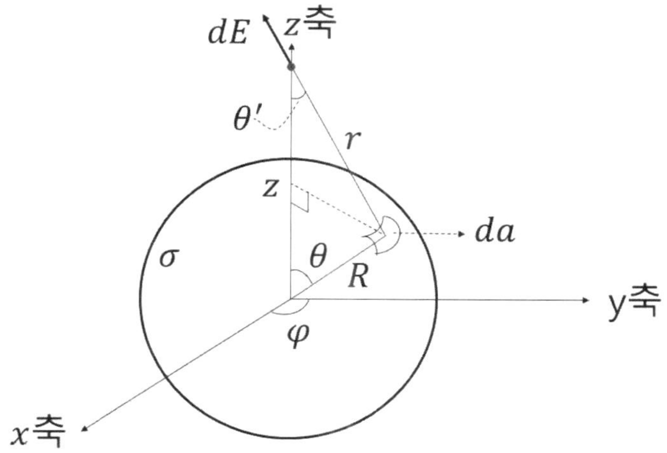

<그림 2-8>

<그림 2-8>에서 da에 의한 z점에서의 전기장은 $dE = k_e \frac{\sigma da}{r^2}$이고 공 껍질의 반대편 da에 의해 xy평면에 나란한 성분은 모두 없어지고 $\hat{z}$성분만 남으므로

$$dE_z = k_e \frac{\sigma da}{r^2} \cos\theta' \hat{z} \quad \cdots\cdots\cdots\cdots \text{<식 2-22>}$$

이 된다. 구 좌표계를 이용하면 $da = R^2 \sin\theta d\theta d\phi$<부록 7>, $\cos\theta' = \frac{z - R\cos\theta}{r}$, $\sigma da = \sigma R^2 \sin\theta d\theta d\phi$, $r = \sqrt{R^2 + z^2 - 2Rz\cos\theta}$가 되고 이를 <식 2-22>에 대입하고 적분하면

$$E_z = \int k_e \frac{\sigma R^2 \sin\theta d\theta d\phi}{(R^2 + z^2 - 2Rz\cos\theta)^{\frac{3}{2}}} \frac{(z - R\cos\theta)}{1} \hat{z} \quad \cdots\cdots\cdots\cdots \text{<식 2-23>}$$

이 된다. $\int d\phi = 2\pi$를 사용하면

$$E_z = k_e \frac{\sigma 2\pi R^2}{1} \int \frac{(z - R\cos\theta)\sin\theta d\theta}{(R^2 + z^2 - 2Rz\cos\theta)^{\frac{3}{2}}} \hat{z}$$ ....<식 2-24>

이 된다. <식 2-24>는 바로 적분이 되지 않으므로 $t = \cos\theta$로 두면 $\theta = 0$일 때 $t = 1$, $\theta = \pi$일 때 $t = -1$, $dt = -\sin\theta d\theta$를 사용하면

$$E_z = k_e \frac{\sigma 2\pi R^2}{1} \int_{-1}^{1} \frac{(z - Rt)}{(R^2 + z^2 - 2Rzt)^{\frac{3}{2}}} dt \hat{z}$$ ....<식 2-25>

이 된다. 적분 속 $\frac{(z - Rt)}{(R^2 + z^2 - 2Rzt)^{\frac{3}{2}}}$은 $\left(\frac{1}{z^2} \frac{(zt - R)}{(R^2 + z^2 - 2Rzt)^{\frac{1}{2}}}\right)$를 미분한 것과 같으므로 <식 2-25>는 다음과 같이 표현할 수 있다.

$$E_z = k_e \frac{\sigma 2\pi R^2}{1} \int_{-1}^{1} \left(\frac{1}{z^2} \frac{(zt - R)}{(R^2 + z^2 - 2Rzt)^{\frac{1}{2}}}\right)' dt \hat{z}$$

적분할 때 $\sqrt{R^2 + z^2 - 2Rzt}$의 값에 유의해야 한다. 적분하고 $k_e = \frac{1}{4\pi\epsilon_0}$을 사용하면

$$\begin{aligned} E_z &= \hat{z} \frac{1}{4\pi\epsilon_0} \frac{\sigma 2\pi R^2}{1} \left[\frac{1}{z^2} \frac{(zt - R)}{(R^2 + z^2 - 2Rzt)^{\frac{1}{2}}} \right]_{-1}^{1} \\ &= \frac{1}{4\pi\epsilon_0} \frac{\sigma 2\pi R^2}{z^2} \left(\frac{(z - R)}{|z - R|} + \frac{(z + R)}{|z + R|} \right) \hat{z} \end{aligned}$$ ....<식 2-25>

이 된다.

만약 $z > R$이면 즉 z이 공 밖에 있고 $\sigma = \frac{Q}{4\pi R^2}$를 사용하면 <식 2-25>는

$$E_z = \frac{1}{4\pi\epsilon_0}\frac{Q}{4\pi R^2}\frac{2\pi R^2}{z^2}\left(\frac{(z-R)}{z-R}+\frac{(z+R)}{z+R}\right)\hat{z} = \frac{1}{4\pi\epsilon_0}\frac{Q}{z^2}\hat{z} \quad \cdots\cdots\cdots\cdots \text{<식 2-26>}$$

이 된다. 이는 모든 전하가 공 중심에 있는 것과 같다.

만약 $z < R$이면 즉 z이 공 안에 있으면

$$E_z = \frac{1}{4\pi\epsilon_0}\frac{\sigma 2\pi R^2}{z^2}\left(\frac{(z-R)}{-(z-R)}+\frac{(z+R)}{z+R}\right)\hat{z} = 0$$

이 된다. 이는 공 내부는 전기장이 0이 됨을 의미한다.

7. 전하가 공에 균일하게 분포할 때의 전기장

<그림 2-9>처럼 반지름이 R인 공에 부피 전하 밀도 ρ(volume charge density)로 균일하게 분포된 공 중심에서 공 밖에 z만큼 떨어진 점에서의 전기장은 어떻게 될까?

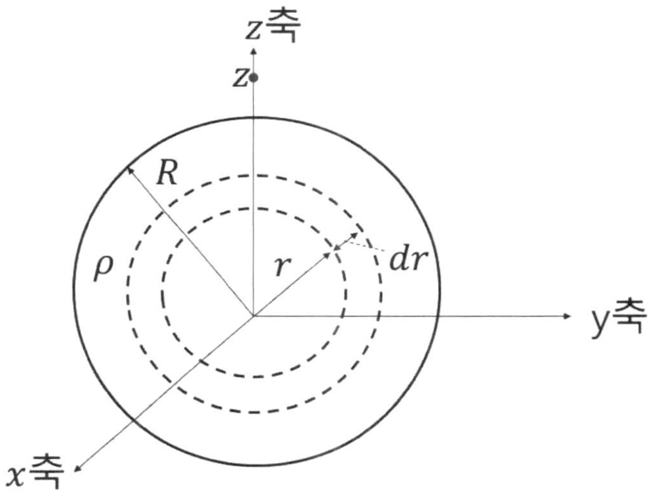

<그림 2-9>

<식 2-26>을 이용하면 $E_z = \frac{1}{4\pi\epsilon_0}\frac{q}{z^2}\hat{z}$은 $dE_z = \frac{1}{4\pi\epsilon_0}\frac{dq}{z^2}\hat{z}$으로 쓸 수 있고 두께가 dr인 공 껍질의 전하량은 $dq = \rho 4\pi r^2 dr$이므로 $dE_z = \frac{1}{4\pi\epsilon_0}\frac{\rho 4\pi r^2 dr}{z^2}\hat{z}$이 된다. 이를 공 전체에 대해 적분하면

$$E_z = \int_0^R \frac{1}{4\pi\epsilon_0} \frac{\rho 4\pi r^2 dr}{z^2} \hat{z} \quad \cdots\cdots\cdots\cdots \text{<식 2-27>}$$

이 된다. $\rho = \dfrac{Q}{\frac{4}{3}\pi R^3}$ 을 사용하면

$$E_z = \int_0^R \frac{1}{4\pi\epsilon_0} \frac{Q}{\frac{4}{3}\pi R^3} \frac{4\pi r^2 dr}{z^2} \hat{z} = \frac{3Q}{4\pi\epsilon_0} \frac{1}{z^2} \frac{1}{R^3} \hat{z} \int_0^R r^2 dr = \frac{Q}{4\pi\epsilon_0 z^2} \hat{z} \quad \cdots\cdots\cdots\cdots \text{<식 2-28>}$$

이 된다. <식 2-28>에서 $\hat{z}$축을 $\hat{r}$으로 바꾸면

$$\vec{E} = \frac{Q}{4\pi\epsilon_0 r^2} \hat{r} \quad \cdots\cdots\cdots\cdots \text{<식 2-29>}$$

이 된다.

공 내부에서의 전기장은 3장에서 다룬다.

3. 가우스 법칙(Gauss' law)

 가우스 법칙을 사용하면 전하분포가 대칭일 때 전기장을 쉽게 구할 수 있다. <그림 3-1>처럼 면적 A에 전기장 $\vec{E}$가 통과할 때 미소 면적 $\vec{da_i}$를 통과하는 전기장 $\vec{E_i}$는 면과 나란한 성분 $\vec{E_\parallel}$와

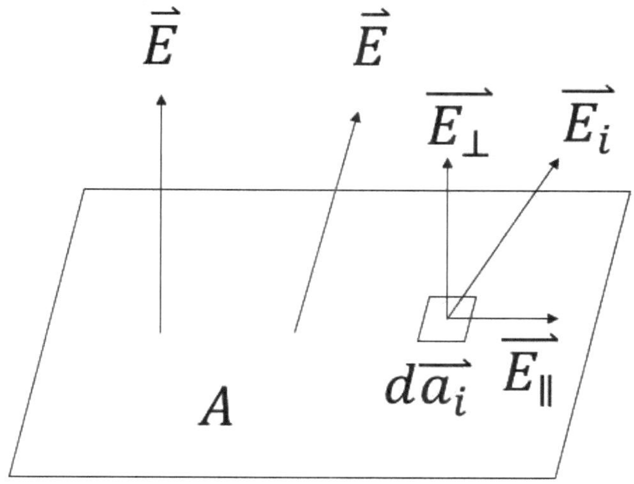

<그림 3-1>

수직인 성분 $\vec{E_\perp}$으로 분해할 수 있다. 이때 $\vec{da_i}$면과 직각으로 지나가는 $\vec{E_\perp}$와의 곱 $da_iE_\perp$를 $\vec{da_i} \cdot \vec{E_i}$로 나타낼 수 있고 이는 면적 da_i에 수직으로 지나가는 전기력 선속 또는 전속(Electric flux, Φ_E)이라고 하므로 면적 da_i에 전속은 $d\Phi_E = \vec{E_i} \cdot \vec{da_i}$가 된다.

 <그림 3-1>처럼 면적 A를 지나는 $\vec{E}$의 전속은 $\Phi_E = \sum_i \vec{E_i} \cdot \vec{da_i}$가 되고 이는 <식 3-1>처럼 표현할 수 있다.

$$\Phi_E = \oint \vec{E} \cdot \vec{da} \quad \cdots\cdots\cdots\cdots \langle 식\ 3\text{-}1 \rangle$$

 <그림 3-2>처럼 폐곡면 A안에 전하 q_i들이 있을 때 <식 3-2>가 성립한다.

사용하여

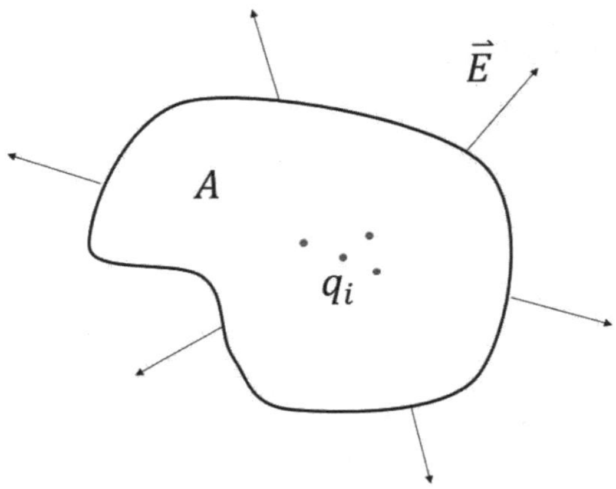

<그림 3-2>

$$\Phi_E = \oint \vec{E} \cdot \vec{da} = \frac{q_{enc}}{\epsilon_0} \quad \cdots\cdots\cdots\cdots \text{<식 3-2>}$$

이를 가우스 법칙이라 한다. q_{enc}는 폐곡면 내부의 모든 전하량의 합$q_{enc} = \sum_i q_i$를 의미한다.

1. 가우스 법칙 증명

<그림 3-3>처럼 원점에 점전하 q가 있을 때 반지름 R인 구면에서의 전기장 $\vec{E}$는

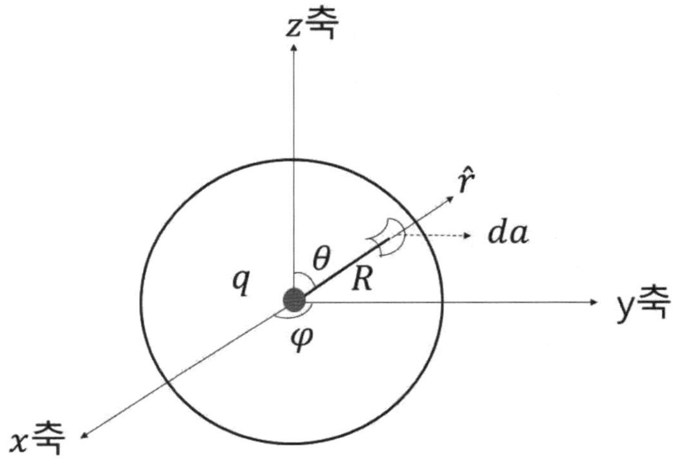

<그림 3-3>

$\vec{E} = \frac{1}{4\pi\epsilon_0} \frac{q}{R^2} \hat{r}$이고 미소 면적 $\vec{da}$는 구 좌표계를 사용하면 $\vec{da} = R^2 \sin\theta d\theta d\phi \hat{r}$이 되고 <식 3-1>을 사용하여 Φ_E를 구하면

$$\Phi_E = \oint \frac{1}{4\pi\epsilon_0}\frac{q}{R^2}\hat{r} \cdot R^2 \sin\theta d\theta d\phi \hat{r} \quad \cdots\cdots\cdots\cdots \langle 식\ 3\text{-}3\rangle$$

가 된다. $\hat{r} \cdot \hat{r} = 1$, $\int \sin\theta d\theta d\phi = 4\pi$를 <식 3-3>에 적용하면 $\frac{1}{4\pi\epsilon_0}\frac{q}{R^2}R^2 4\pi = \frac{q}{\epsilon_0}$가 되어 <식 3-2>와 같은 결과가 된다.

2. 맥스웰 방정식으로부터 가우스 법칙 유도

맥스웰의 첫 번째 방정식은 $\overrightarrow{\nabla} \cdot \vec{E} = \frac{\rho}{\epsilon_0}$($\rho$=부피 전하 밀도)이다. 식의 양변에 $\int d\tau$($d\tau$=미세 부피)를 취하면 $\int \overrightarrow{\nabla} \cdot \vec{E} d\tau = \int \frac{\rho}{\epsilon_0} d\tau$가 되고 발산정리$\left(\int \overrightarrow{\nabla} \cdot \vec{E} d\tau = \int \vec{E} \cdot \overrightarrow{da}\right)$와 $\frac{1}{\epsilon_0}\int \rho d\tau = \frac{q_{enc}}{\epsilon_0}$를 사용하면

$$\int \overrightarrow{\nabla} \cdot \vec{E} d\tau = \int \frac{\rho}{\epsilon_0} d\tau \Rightarrow \Phi_E = \int \vec{E} \cdot \overrightarrow{da} = \frac{q_{enc}}{\epsilon_0}$$

가 되어 <식 3-2>와 같은 결과가 된다.

3. 가우스 법칙을 사용한 전기장 구하기

가. 점전하 q에 의한 전기장 구하기

<그림 3-4>처럼 점전하 q를 둘러싼 반경이 r인 공 껍질을 생각하자.

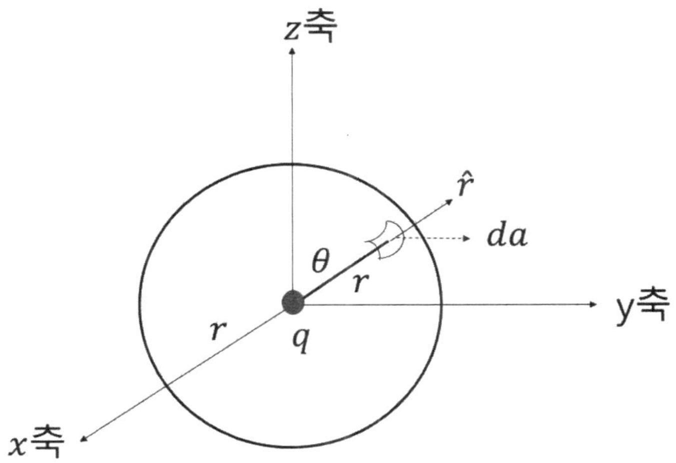

<그림 3-4>

가우스 법칙을 적용하면

$$\int \vec{E} \cdot d\vec{a} = \frac{q_{enc}}{\epsilon_0} \quad \cdots\cdots\cdots\cdots \langle 식\ 3\text{-}4 \rangle$$

이고 $d\vec{a} = da\hat{r}$, $\vec{E} = E\hat{r}$, $q_{enc} = q$, 거리가 r인 공 껍질에서 전기장 $\vec{E}$는 일정하므로 <식 3-4>는 $E\int da = \frac{q}{\epsilon_0}$가 된다. $\int da$는 공 껍질의 표면적으로 $4\pi r^2$이므로

$$E\int da = \frac{q}{\epsilon_0} \Rightarrow E \times 4\pi r^2 = \frac{q}{\epsilon_0} \Rightarrow \vec{E} = \frac{1}{4\pi\epsilon_0}\frac{q}{r^2}\hat{r} = k_e\frac{q}{r^2}\hat{r} \quad \cdots\cdots\cdots\cdots \langle 식\ 3\text{-}5 \rangle$$

이 된다. <식 2-1>과 같은 식이다.

나. 전하가 일직선상에 균일하게 분포할 때의 전기장

<그림 3-5>처럼 전하가 선 밀도 λ(line density)로 일정하게 분포된 긴 직선을 감싸는 반지름이 ρ인 원기둥 표면을 생각하자.

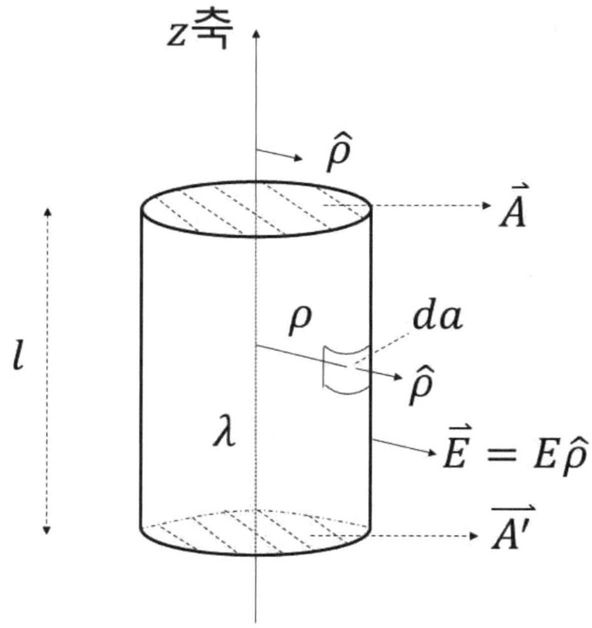

<그림 3-5>

$\hat{\rho}$은 직선에서 사방으로 뻗어나가는 방향이다. 가우스 법칙을 적용하면

$$\int_{원기둥표면+A+A'} \vec{E} \cdot d\vec{a} = \frac{q_{enc}}{\epsilon_0} \quad \cdots\cdots\cdots\cdots \langle 식\ 3\text{-}6 \rangle$$

이다. 원기둥 윗면과 아랫면은 각각 $\vec{A} = A\hat{z}$, $\vec{A'} = -A\hat{z}$이므로 $\vec{A} \cdot \vec{E} = \vec{A'} \cdot \vec{E} = 0$이고, 거리가 ρ

인 원기둥 표면에서 $\vec{E}\cdot d\vec{a}=Eda$, 전기장 $\vec{E}$는 일정하므로 원기둥 표면만 고려하면

$$E\int_{원기둥\ 표면} da=\frac{q_{enc}}{\epsilon_0} \quad \cdots\cdots\cdots\cdots \langle 식\ 3\text{-}7\rangle$$

가 된다. $q_{enc}=\lambda l$과 $\int_{원기둥\ 표면} da=2\pi\rho l$을 사용하면

$$E\int_{원기둥\ 표면} da=\frac{q_{enc}}{\epsilon_0}\Rightarrow E2\pi\rho l=\frac{\lambda l}{\epsilon_0}\Rightarrow \vec{E}=\frac{1}{2\pi\epsilon_0}\frac{\lambda}{\rho}\hat{\rho} \quad \cdots\cdots\cdots\cdots \langle 식\ 3\text{-}8\rangle$$

이 된다. <식 2-6>과 같은 식이다.

다. 전하가 공 껍질에 균일하게 분포할 때의 전기장

<그림 3-6>처럼 총 전하가 Q이고 표면 전하 밀도 σ(surface charge density)로 일정하게 분포된 반지름 R인 공 껍질을 감싸는 반지름이 각각 r, r'인 공 껍질 A와 A'를 생각하자.

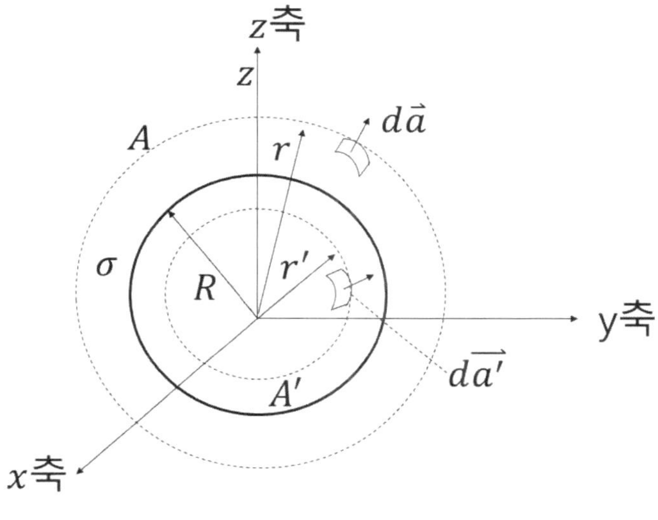

<그림 3-6>

공 껍질 밖의 거리 r지점에 가우스 법칙을 적용하면

$$\int_A \vec{E}\cdot d\vec{a}=\frac{q_{enc}}{\epsilon_0} \quad \cdots\cdots\cdots\cdots \langle 식\ 3\text{-}9\rangle$$

이다. 전기장 $\vec{E}$는 $\vec{E}=E\hat{r}$으로 일정하고 $\vec{da}$는 $\vec{da}=da\hat{r}$, $\int_A da = 4\pi r^2$, $q_{enc}=Q=\sigma 4\pi R^2$이므로

$$\int_A \vec{E}\cdot \vec{da} = \frac{q_{enc}}{\epsilon_0} \Rightarrow E\int_A da = \frac{Q}{\epsilon_0} \Rightarrow E4\pi r^2 = \frac{Q}{\epsilon_0} \Rightarrow \vec{E} = \frac{1}{4\pi\epsilon_0}\frac{Q}{r^2}\hat{r} \quad \cdots\cdots\cdots\cdots \langle 식\ 3\text{-}10\rangle$$

이 된다. <식 2-26>과 같은 식이 된다.

공 껍질 안쪽의 거리 r'지점에서 가우스 법칙을 적용하면

$$\int_{A'} \vec{E}\cdot \vec{da'} = \frac{q_{enc}}{\epsilon_0} \quad \cdots\cdots\cdots\cdots \langle 식\ 3\text{-}11\rangle$$

이다. r'가 감싸는 면 안쪽에는 $q_{enc}=0$이므로 $\int_{A'} \vec{E}\cdot \vec{da'} = 0$이 되어 $E=0$이다.

라. 전하가 공에 균일하게 분포할 때의 전기장

<그림 3-7>처럼 총 전하가 Q이고 부피 전하 밀도 ρ(volume charge density)로 일정하게 분포된 반지름 R인 공을 감싸는 반지름이 각각 r, r'인 공 껍질 A와 A'를 생각하자.

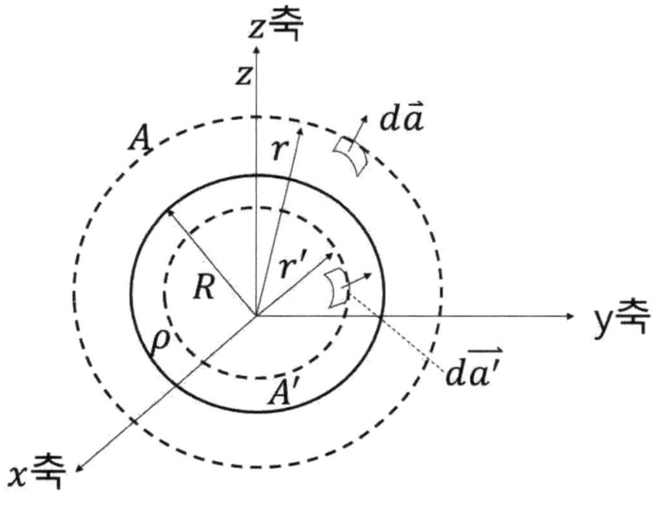

<그림 3-7>

공 밖($r > R$)의 거리 r지점에 가우스 법칙을 적용하면

$$\int_A \vec{E} \cdot d\vec{a} = \frac{q_{enc}}{\epsilon_0} \quad \cdots\cdots\cdots\cdots \langle 식\ 3\text{-}12 \rangle$$

이다. 전기장 $\vec{E}$는 $\vec{E} = E\hat{r}$으로 일정하고 $d\vec{a}$는 $d\vec{a} = da\hat{r}$, $\int_A da = 4\pi r^2$, $q_{enc} = Q$이므로

$$\int_A \vec{E} \cdot d\vec{a} = \frac{q_{enc}}{\epsilon_0} \Rightarrow E\int_A da = \frac{Q}{\epsilon_0} \Rightarrow E4\pi r^2 = \frac{Q}{\epsilon_0} \Rightarrow \vec{E} = \frac{1}{4\pi\epsilon_0}\frac{Q}{r^2}\hat{r} \quad \cdots\cdots\cdots\cdots \langle 식\ 3\text{-}13 \rangle$$

이 된다. <식 2-29>와 같은 식이 된다.

공 내부($r < R$)의 거리 r'지점에 가우스 법칙을 적용하면

$$\int_{A'} \vec{E} \cdot d\vec{a'} = \frac{q'_{enc}}{\epsilon_0} \quad \cdots\cdots\cdots\cdots \langle 식\ 3\text{-}14 \rangle$$

이다. 전기장 $\vec{E}$는 $\vec{E} = E\hat{r}$으로 일정하고 $d\vec{a'}$는 $d\vec{a'} = da'\hat{r}$, $\int_A da' = 4\pi(r')^2$, $q'_{enc} = \rho\frac{4}{3}\pi(r')^3 = \frac{Q}{\frac{4}{3}\pi R^3}\frac{4}{3}\pi(r')^3 = Q\frac{(r')^3}{R^3}$이므로

$$\int_{A'} \vec{E} \cdot d\vec{a'} = \frac{q'_{enc}}{\epsilon_0} \Rightarrow E\int_{A'} da' = \frac{1}{\epsilon_0}Q\frac{(r')^3}{R^3} \Rightarrow E4\pi(r')^2 = \frac{1}{\epsilon_0}Q\frac{(r')^3}{R^3} \Rightarrow \vec{E} = \frac{Q}{4\pi\epsilon_0}\frac{r'}{R^3}\hat{r}$$

$$\cdots\cdots\cdots\cdots \langle 식\ 3\text{-}15 \rangle$$

이 된다.

<식 3-13>과 <식 3-15>를 사용하여 거리r에 따른 전기장을 그래프로 나타내면 <그림 3-8>과 같다.

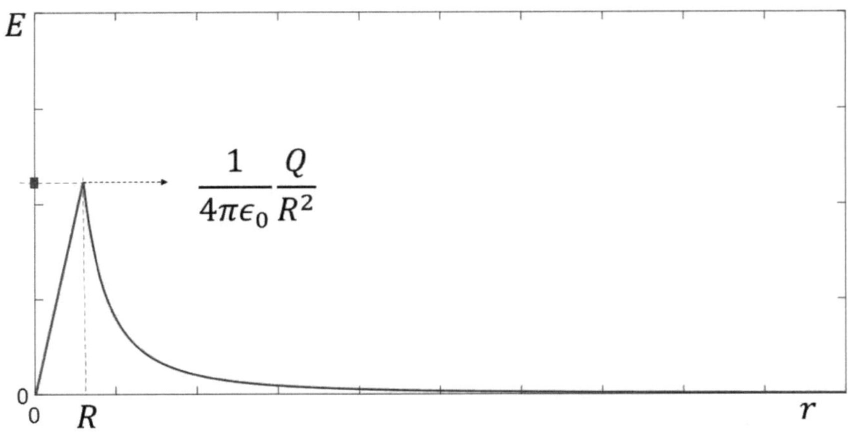

<그림 3-8>

$r > R$일 때의 전기장 $\vec{E} = \frac{1}{4\pi\epsilon_0}\frac{Q}{r^2}\hat{r}$ ...<식 3-13>과 $r < R$일 때의 전기장 $\vec{E} = \frac{1}{4\pi\epsilon_0}\frac{r'}{R^2}\hat{r}$ ...<식 3-15>에서 공 표면에서의 전기장은 즉, $r = R, r' = R$일 때 <식 3-13>과 <식 3-15>는 $E = \frac{1}{4\pi\epsilon_0}\frac{Q}{R^2}$로 같다.

4. 전기적 퍼텐셜 에너지와 전위

중력장에서 떨어지는 물체의 운동 에너지의 증가량은 중력 퍼텐셜 에너지의 감소량과 같듯이 <그림 4-1>처럼 고정된 점전하 Q에서 거리가 r_1인 곳에 점전하 q를 가만히 놓았을 때

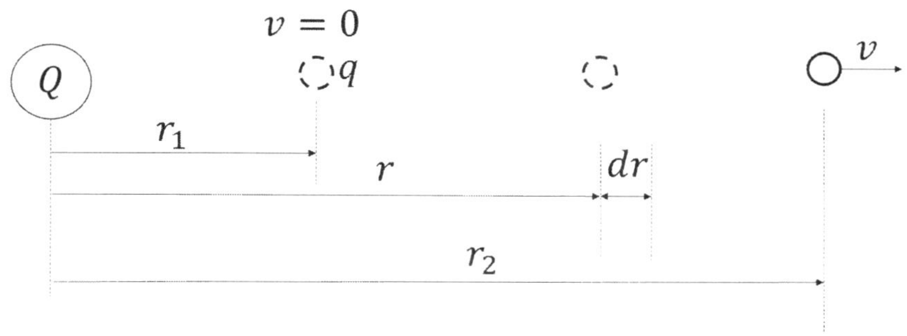

<그림 4-1>

점전하 q는 r_2인 곳에서 속도가 $\vec{v}$가 되었다고 하면 점전하 q는 운동 에너지가 증가한 것이고 이는 r_2와 r_1 지점 사이의 전기적 퍼텐셜 에너지(U)의 감소량과 같다고 할 수 있다. r지점에서 점전하 q가 받는 힘 $\vec{F}$는 <식 2-1>에 의해 $\vec{F}=q\vec{E}$이고 이때 $\vec{dr}$만큼 움직일 때 힘이 한 미소 일의 양 dW는 $dW=\vec{F}\cdot\vec{dr}$로 나타낼 수 있다. 그러므로 r_1에서 r_2까지 힘이 한 일의 양은 $\vec{F}\cdot\vec{dr}=Fdr$이므로

$$W=\int dW=\int\vec{F}\cdot\vec{dr}=\int_{r_1}^{r_2}qEdr \quad \cdots\cdots\cdots\cdots \text{<식 4-1>}$$

이 된다. $E=k_e\dfrac{Q}{r^2}$을 사용하면

$$W=\int_{r_1}^{r_2}k_e\frac{Qq}{r^2}dr=k_eQq\left[-\frac{1}{r}\right]_{r_1}^{r_2}=-k_eQq\left[\frac{1}{r_1}-\frac{1}{r_2}\right]$$

이 된다. $U_2=k_eQq\dfrac{1}{r_2}$, $U_1=k_eQq\dfrac{1}{r_1}$으로 두면 $W=-dU$가 된다.

그러므로 전기적 퍼텐셜 에너지 U를 다음과 같이 정의할 수 있다.

$$U=-\int_{r_0}^{r}\vec{F}\cdot\vec{dr}\,(r_0\text{는 전기적 퍼텐셜 에너지의 기준점}) \quad \cdots\cdots\cdots\cdots \text{<식 4-2>}$$

<그림 4-1>에서 점전하 q의 전기적 퍼텐셜 에너지 U는 <식 4-2>를 사용하면

$U=-\int_{r_0}^{r} k_e\frac{Qq}{r^2}dr=k_eQq\left[\frac{1}{r}\right]_{r_0}^{r}=k_eQq\left[\frac{1}{r}-\frac{1}{r_0}\right]$가 되고 기준점 r_0를 무한대 즉 $r_0\to\infty$이면 $k_eQq\frac{1}{r_0}=0$이므로

$$U(r)=k_e\frac{Qq}{r} \quad \cdots\cdots\cdots\cdots\langle\text{식 4-3}\rangle$$

가 된다. 점전하 Q가 $-Q$이면 $\vec{F}\cdot d\vec{r}=-Fdr$이 되어 $U(r)=-k_e\frac{Qq}{r}$가 된다.

〈그림 4-1〉에서 q대신 단위 전하 1C의 전기적 퍼텐셜 에너지를 계산하면 〈식 4-3〉은 $\frac{U(r)}{q}=k_e\frac{Q}{r}$가 되고 $\frac{U(r)}{q}=V(r)$로 두면

$$V(r)=k_e\frac{Q}{r} \quad \cdots\cdots\cdots\cdots\langle\text{식 4-4}\rangle$$

가 된다. $V(r)$을 전위라고 하며 이는 단위 전하가 가지는 전기적 퍼텐셜 에너지이다.

〈그림 4-1〉에서 r와 $r+dr$ 사이의 $V(r+dr)-V(r)=dV$을 구해보면

$$dV=k_e\frac{Q}{r+dr}-k_e\frac{Q}{r}=k_eQ\left(\frac{1}{r+dr}-\frac{1}{r}\right) \quad \cdots\cdots\cdots\cdots\langle\text{식 4-5}\rangle$$

이 된다. 〈식 4-5〉에서 $\frac{1}{r+dr}$항을 다음과 같이 전개하면

$\frac{1}{r+dr}=\frac{1}{r}\left(1+\frac{dr}{r}\right)^{-1}=\frac{1}{r}\left[1+(-1)\left(\frac{dr}{r}\right)+\frac{(-1)(-1-1)}{2!}\left(\frac{dr}{r}\right)^2+\dots\right]$이고 $\left(\frac{dr}{r}\right)^2$항 이상은 무시할 수 있으므로 $\frac{1}{r+dr}\approx\frac{1}{r}\left(1-\frac{dr}{r}\right)$가 된다. 이를 〈식 4-5〉에 대입하면

$$dV\approx k_eQ\left(\frac{1}{r}-\frac{dr}{r^2}-\frac{1}{r}\right)=-k_eQ\frac{dr}{r^2} \quad \cdots\cdots\cdots\cdots\langle\text{식 4-6}\rangle$$

이 된다. 〈식 2-1〉에서 $E=k_e\frac{Q}{r^2}$이므로 〈식 4-6〉은

$$dV=-Edr\Rightarrow\vec{E}=-\frac{dV}{dr} \quad \cdots\cdots\cdots\cdots\langle\text{식 4-7}\rangle$$

가 된다. 〈식 4-7〉의 의미는 스칼라양인 전위의 위치에 대한 기울기가 그 지점에서의 전기장이 됨을 말한다.

〈식 4-2〉를 단위 전하에 대한 식으로 바꾸면 $\vec{F}$는 $\vec{E}$로 $U(r)$는 $V(r)$로 바뀐다. 일반적으로 $d\vec{r}$대신 $d\vec{l}$을 많이 사용하므로 〈식 4-2〉는

$$V(r) = -\int_o^r \vec{E} \cdot d\vec{l} \text{ (o는 전위의 기준점) ············〈식 4-8〉}$$

이 된다.

1. 일반적인 전하 분포에 대한 전위

〈그림 4-2〉처럼 점 전하가 무리지어 있을 때(가), 전하 분포가 연속적일 때(나)(다)를 생각해 보자.

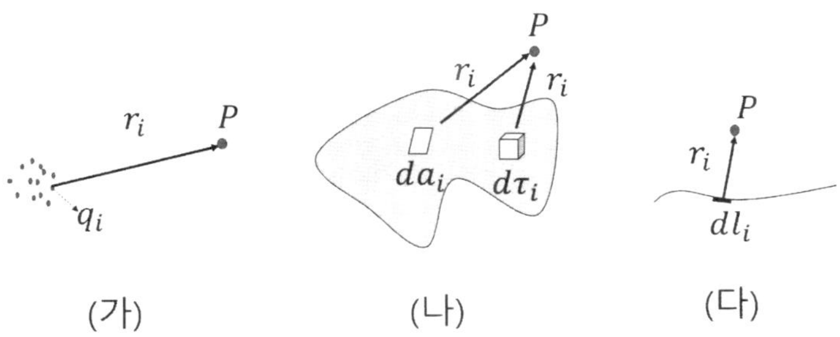

〈그림 4-2〉

〈그림 4-2〉의 (가)에서 P점에서의 전위는 q_i에 의해 $V_i(r) = \frac{1}{4\pi\epsilon_0}\frac{q_i}{r_i}$가 되고 전하의 개수가 n개 있으면 각각의 전하들에 의한 전위를 합한 것과 같으므로

$$V(r) = \frac{1}{4\pi\epsilon_0}\sum_{i=1}^{n}\frac{q_i}{r_i} \text{ ············〈식 4-9〉}$$

가 된다.

〈그림 4-2〉의 (나)에서 전하가 고르게 표면에 분포할 경우 미소 면적 da_i에 의한 의한 전위는 $dq_i = \sigma da_i$이므로 $dV_i(r) = \frac{1}{4\pi\epsilon_0}\frac{dq_i}{r_i} = \frac{1}{4\pi\epsilon_0}\frac{\sigma da_i}{r_i}$가 되고 표면 전체에 대한 전위는

$$V(r) = \frac{1}{4\pi\epsilon_0}\int\frac{\sigma da}{r} \text{ ············〈식 4-10〉}$$

가 된다.

〈그림 4-2〉의 (나)에서 전하가 고르게 부피에 분포할 경우 미소 부피 $d\tau_i$에 의한 의한 전위는 $dq_i = \rho d\tau_i$이므로 $dV_i(r) = \frac{1}{4\pi\epsilon_0}\frac{dq_i}{r_i} = \frac{1}{4\pi\epsilon_0}\frac{\rho d\tau_i}{r_i}$가 되고 부피 전체에 대한 전위는

$$V(r) = \frac{1}{4\pi\epsilon_0}\int \frac{\rho d\tau}{r} \quad \cdots\cdots\cdots\cdots \langle 식\ 4\text{-}11 \rangle$$

가 된다.

<그림 4-2>의 (다)에서 전하가 긴 선상에 분포할 경우 미소 길이 dl_i에 의한 의한 전위는 $dq_i = \lambda dl_i$이므로 $d\,V_i(r) = \frac{1}{4\pi\epsilon_0}\frac{dq_i}{r_i} = \frac{1}{4\pi\epsilon_0}\frac{\lambda dl_i}{r_i}$가 되고 선 전체에 대한 전위는

$$V(r) = \frac{1}{4\pi\epsilon_0}\int \frac{\lambda dl}{r} \quad \cdots\cdots\cdots\cdots \langle 식\ 4\text{-}12 \rangle$$

이 된다.

가. 점전하들에 의한 전위와 전기장

<그림 4-3>처럼 두 점전하의 중심에서 z만큼 떨어진 곳의 전위는 $r_1 = r_2 = r$일 경우

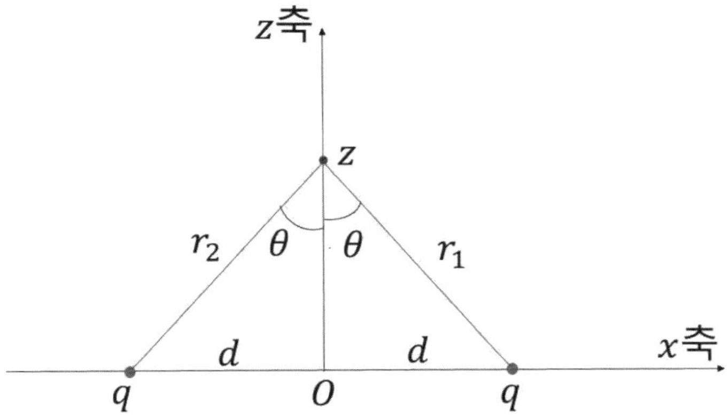

<그림 4-3>

$r = \sqrt{z^2 + d^2}$ 을 사용하고 <식 4-9>를 적용시키면

$$V(r) = \frac{1}{4\pi\epsilon_0}\frac{q}{r} + \frac{1}{4\pi\epsilon_0}\frac{q}{r} = \frac{q}{4\pi\epsilon_0}\left(\frac{2}{\sqrt{z^2 + d^2}}\right) \quad \cdots\cdots\cdots\cdots \langle 식\ 4\text{-}13 \rangle$$

가 된다.

<식 4-7>을 사용하여 전기장 $\vec{E}$를 구해보면

$E_z = -\frac{dV}{dz} = -\frac{d}{dz}\left(\frac{2q}{4\pi\epsilon_0}\frac{1}{\sqrt{z^2 + d^2}}\right) = -\frac{2q}{4\pi\epsilon_0}\left(-\frac{1}{2}\right)(z^2 + d^2)^{-\frac{3}{2}}2z\hat{z}$이고 식을 정리하면

$$E_z = \frac{1}{4\pi\epsilon_0}\frac{2qz}{(z^2+d^2)^{\frac{3}{2}}}\hat{z}$$ …………<식 4-14>

이 된다. <식 4-14>에서 $z \gg d$이면 $(z^2+d^2)^{\frac{3}{2}} \approx z^3$과 같으므로

$$E_z \approx \frac{1}{4\pi\epsilon_0}\frac{2qz}{z^3}\hat{z} = \frac{1}{4\pi\epsilon_0}\frac{2q}{z^2}\hat{z}$$

과 같이 된다. 이는 전하량이 $2q$인 전하가 O점에서 만드는 전기장과 같다.

<식 2-1>을 사용하여 전기장 $\vec{E}$를 구해보자. <그림 4-4>에서 $\vec{E_1}$과 $\vec{E_2}$는 각각

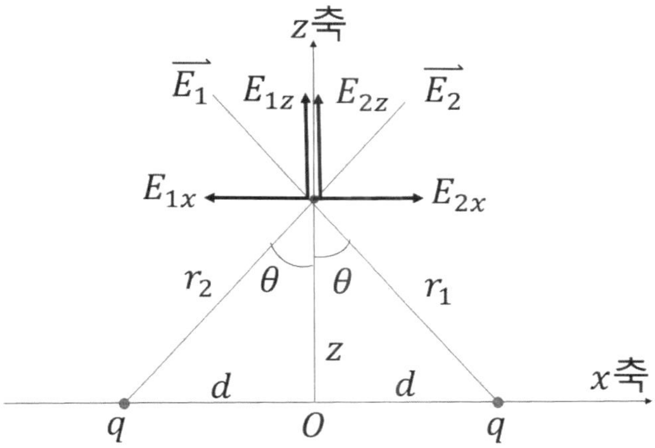

<그림 4-4>

$\vec{E_1} = \frac{1}{4\pi\epsilon_0}\frac{q}{r_1^2}\hat{r_1}$, $\vec{E_2} = \frac{1}{4\pi\epsilon_0}\frac{q}{r_2^2}\hat{r_2}$이고 $\vec{E_1}$과 $\vec{E_2}$를 $\hat{x}, \hat{z}$방향으로 분해하면 $\vec{E_1} = \vec{E_{1x}} + \vec{E_{1z}}$, $\vec{E_2} = \vec{E_{2x}} + \vec{E_{2z}}$과 같다. $\vec{E_{1x}}$와 $\vec{E_{2x}}$는 크기는 같고 방향이 반대이므로 서로 상쇄되고 $\vec{E_{1z}}, \vec{E_{2z}}$만 남는다. 그러므로 $E_z = 2E_{1z} = 2E_{2z}$이 되고 $\cos\theta = \frac{z}{\sqrt{z^2+d^2}}$을 사용하면

$$E_z = 2\frac{1}{4\pi\epsilon_0}\frac{q}{r^2}\cos\theta\hat{z} = \frac{2}{4\pi\epsilon_0}\frac{q}{z^2+d^2}\frac{z}{\sqrt{z^2+d^2}}\hat{z} = \frac{1}{4\pi\epsilon_0}\frac{2qz}{(z^2+d^2)^{\frac{3}{2}}}\hat{z}$$ …………<식 4-15>

이 된다. <식 4-14>와 같은 식이다.

나. 전하 분포가 공 껍질에 고르게 퍼져 있을 때의 전위와 전기장

<그림 4-5>처럼 공 껍질에 전하 Q가 고르게 퍼져 있을 때 공의 중심에서 z만큼 떨어

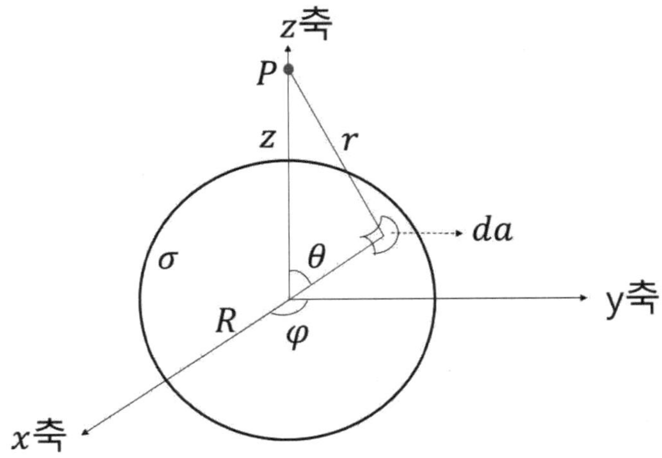

<그림 4-5>

진 P점에서의 전위는 $da = R^2\sin\theta d\theta d\phi$, $r = \sqrt{z^2 + R^2 - 2Rz\cos\theta}$ 를 이용하고 <식 4-10>을 사용하면

$$V(r) = \frac{1}{4\pi\epsilon_0}\int\frac{\sigma da}{r} = \frac{1}{4\pi\epsilon_0}\int\frac{\sigma R^2\sin\theta d\theta d\phi}{\sqrt{z^2 + R^2 - 2Rz\cos\theta}} \quad \cdots\cdots\cdots\cdots \text{<식 4-16>}$$

가 된다. $\int d\phi = 2\pi$와 $(\sqrt{z^2 + R^2 - 2Rz\cos\theta})$를 θ에 대해 미분한

$(\sqrt{z^2 + R^2 - 2Rz\cos\theta})' = \frac{1}{2}\frac{1}{\sqrt{z^2 + R^2 - 2Rz\cos\theta}}2zR\sin\theta$ 에서

$\frac{\sin\theta}{\sqrt{z^2 + R^2 - 2Rz\cos\theta}} = \frac{(\sqrt{z^2 + R^2 - 2Rz\cos\theta})'}{zR}$ 를 <식 4-16>에 적용하면

$$V(r) = \frac{\sigma R^2 2\pi}{4\pi\epsilon_0}\frac{1}{zR}\int_0^\pi(\sqrt{z^2 + R^2 - 2Rz\cos\theta})'d\theta = \frac{\sigma R^2 2\pi}{4\pi\epsilon_0}\frac{1}{zR}\{(z+R) - |z-R|\}$$

이 된다.

$z > R$일 때

$$V(r) = \frac{\sigma R^2 2\pi}{4\pi\epsilon_0}\frac{1}{zR}\{(z+R) - |z-R|\} = \frac{\sigma R^2 2\pi}{4\pi\epsilon_0}\frac{1}{zR}2R$$

이고 $\sigma = \frac{Q}{4\pi R^2}$ 를 사용하면

$$V(r) = \frac{1}{4\pi\epsilon_0}\frac{Q}{z} \quad \cdots\cdots\cdots\cdots \langle 식\ 4\text{-}17 \rangle$$

가 된다.

$z < R$일 때

$$V(r) = \frac{\sigma R^2 2\pi}{4\pi\epsilon_0}\frac{1}{zR}\{(z+R)+(z-R)\} = \frac{\sigma R^2 2\pi}{4\pi\epsilon_0}\frac{1}{zR}2z$$

이고 $\sigma = \dfrac{Q}{4\pi R^2}$를 사용하면

$$V(r) = \frac{1}{4\pi\epsilon_0}\frac{Q}{R} \quad \cdots\cdots\cdots\cdots \langle 식\ 4\text{-}18 \rangle$$

가 된다. 공 껍질 내부에서 전위는 0이 아니다.

<식 4-7>을 사용하여 전기장 $\vec{E}$를 구해보면

$z > R$일 때

$$E_z = -\frac{dV}{dz} = -\frac{d}{dz}\left(\frac{Q}{4\pi\epsilon_0}\frac{1}{z}\right) = \frac{Q}{4\pi\epsilon_0}\frac{1}{z^2}\hat{z}$$

이고 <식 2-26>과 같다.

$z < R$일 때 전기장 $\vec{E}$를 구해보면

$E_z = -\dfrac{dV}{dz} = -\dfrac{d}{dz}\left(\dfrac{Q}{4\pi\epsilon_0}\dfrac{1}{R}\right)$에서 $\left(\dfrac{Q}{4\pi\epsilon_0}\dfrac{1}{R}\right)$값이 상수이므로 $E_z = 0$이다.

이번에는 <식 4-8>을 사용하여 전위를 구해보자.

$z > R$일 때 $V(r) = -\int_o^r \vec{E} \cdot d\vec{l}$에서 공 껍질 밖의 전기장은 <식 2-26>에서 $E_z = \dfrac{Q}{4\pi\epsilon_0}\dfrac{1}{z^2}\hat{z}$이고 전위의 기준점을 $z = \infty$로 두면

$$V(r) = -\int_\infty^z \vec{E} \cdot d\vec{l} = -\int_\infty^z \frac{Q}{4\pi\epsilon_0}\frac{1}{z^2}dz = \frac{1}{4\pi\epsilon_0}\frac{Q}{z} \quad \cdots\cdots\cdots\cdots \langle 식\ 4\text{-}19 \rangle$$

가 된다. <식 4-17>과 같다.

$z < R$일 때 공 껍질 내부의 전기장은 $E_{내부} = 0$이므로

$V(r) = -\int_\infty^z \vec{E} \cdot d\vec{l} = -\left(\int_\infty^R E_{외부} dz + \int_R^z E_{내부} dz\right)$은

$$V(r) = -\left(\int_{\infty}^{R} E_{외부} dz\right) = -\int_{\infty}^{R} \frac{Q}{4\pi\epsilon_0}\frac{1}{z^2}dz = \frac{1}{4\pi\epsilon_0}\frac{Q}{R} \quad \cdots\cdots\cdots\cdots \text{<식 4-20>}$$

가 된다. <식 4-18>과 같다.

다. 전하 분포가 공에 고르게 퍼져 있을 때의 전위와 전기장

<그림 4-6>처럼 공에 전하 Q가 고르게 퍼져 있을 때 공의 중심에서 공밖에 z만큼 떨어진 P점에서의 전위는 $z > R$경우 <식 4-17>에서 공 껍질 밖의 전위가 $V(r) = \frac{1}{4\pi\epsilon_0}\frac{Q}{z}$이므로 <그림 4-6>에서 dr두께를 갖는 공 껍질의 전위는 $dV(r) = \frac{1}{4\pi\epsilon_0}\frac{dQ}{z}$로 쓸 수 있고

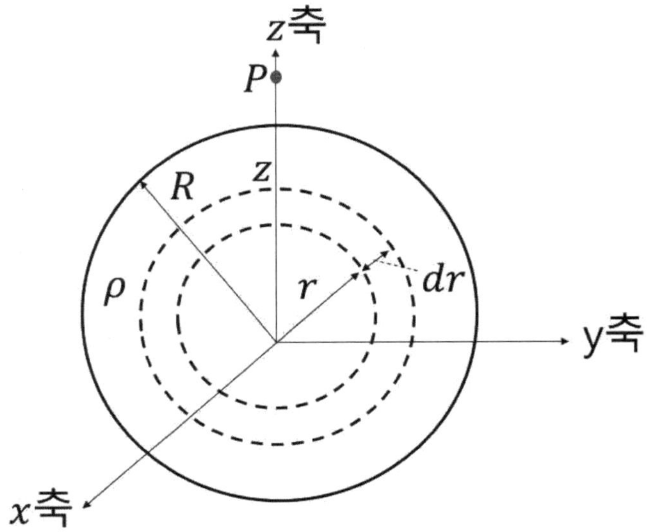

<그림 4-6>

$dQ = \rho 4\pi r^2 dr$이므로 $dV(r) = \frac{1}{4\pi\epsilon_0}\frac{\rho 4\pi r^2 dr}{z}$가 된다. 이를 적분하면

$V = \frac{1}{4\pi\epsilon_0}\frac{1}{z}\rho 4\pi \int_0^R r^2 dr$가 되고 $\rho = \frac{Q}{\frac{4}{3}\pi R^3}$을 사용하면

$$V = \frac{1}{4\pi\epsilon_0}\frac{1}{z}\frac{Q}{\frac{4}{3}\pi R^3}4\pi\frac{R^3}{3} = \frac{1}{4\pi\epsilon_0}\frac{Q}{z} \quad \cdots\cdots\cdots\cdots \text{<식 4-21>}$$

가 된다.

이번에는 <식 4-8>을 사용하여 전위를 구해보자.

$z > R$일 때 $V(r) = -\int_o^r \vec{E} \cdot d\vec{l}$에서 공 밖의 전기장은 <식 2-29>에서 $r \to z$으로 바꾸면 $E_z = \frac{Q}{4\pi\epsilon_0}\frac{1}{z^2}\hat{z}$이고 전위의 기준점을 $o = \infty$로 두면

$$V(r) = -\int_\infty^z \vec{E} \cdot d\vec{l} = -\int_\infty^z \frac{Q}{4\pi\epsilon_0}\frac{1}{z^2}dz = \frac{1}{4\pi\epsilon_0}\frac{Q}{z} \quad \cdots\cdots\cdots\cdots \text{<식 4-22>}$$

이다. <식 4-21>과 같은 식이다.

$z < R$일 때 공 내부의 전기장은 <식 3-15>를 이용하면 $\vec{E} = \frac{Q}{4\pi\epsilon_0}\frac{r'}{R^3}\hat{r}$이고 $r' \to z$, $\hat{r} \to \hat{z}$으로 두면 $\vec{E} = \frac{Q}{4\pi\epsilon_0}\frac{z}{R^3}\hat{z}$이고 <식 4-8>을 사용하면

$V(r) = -\int_\infty^z \vec{E} \cdot d\vec{l} = -\left(\int_\infty^R E_{외부}dz + \int_R^z E_{내부}dz\right)$은

$$V(r) = -\left(\int_\infty^R \frac{Q}{4\pi\epsilon_0}\frac{1}{z^2}dz + \int_R^z \frac{Q}{4\pi\epsilon_0}\frac{z}{R^3}dz\right) = \frac{Q}{4\pi\epsilon_0}\frac{1}{2R}\left(3 - \frac{z^2}{R^2}\right) \quad \cdots\cdots\cdots\cdots \text{<식 4-23>}$$

이 된다.

<식 4-7>을 사용하여 전기장 $\vec{E}$를 구해보면

$z > R$일 때 $E_z = -\frac{dV}{dz} = -\frac{d}{dz}\left(\frac{Q}{4\pi\epsilon_0}\frac{1}{z}\right) = \frac{Q}{4\pi\epsilon_0}\frac{1}{z^2}\hat{z}$이고 <식 2-28>과 같다.

$z < R$일 때 전기장 $\vec{E}$를 구해보면

$$E_z = -\frac{dV}{dz} = -\frac{d}{dz}\left(\frac{Q}{4\pi\epsilon_0}\frac{1}{2R}\left(3 - \frac{z^2}{R^2}\right)\right) = \frac{Q}{4\pi\epsilon_0}\frac{1}{2R}\left(\frac{2z}{R^2}\right)\hat{z} = \frac{Q}{4\pi\epsilon_0}\frac{z}{R^3}\hat{z}$$

이고 <식 3-15>와 같다.

라. 전하 분포가 선에 고르게 퍼져 있을 때의 전위와 전기장

<그림 4-7>처럼 선 밀도 λ(line density)로 일정하게 분포된 긴 직선 위의 점 P점에서의 전위는 다음과 같이 구할 수 있다.

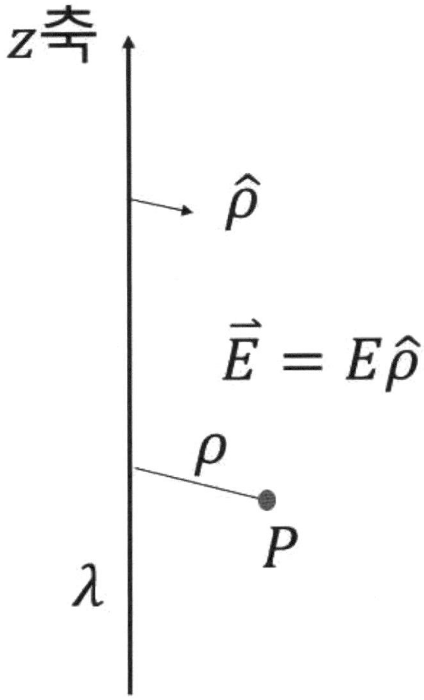

<그림 4-7>

<식 3-8>에서 P점에서의 전기장은 $\vec{E} = \frac{1}{2\pi\epsilon_0}\frac{\lambda}{\rho}\hat{\rho}$이고 전위의 기준점을 $o = \infty$로 두면 $V(r) = -\int_{\infty}^{r}\vec{E} \cdot d\vec{l} = -\int_{\infty}^{\rho}\frac{1}{2\pi\epsilon_0}\frac{\lambda}{\rho}d\rho$가 된다. 이 식을 적분하면 $V(\rho) = -\frac{\lambda}{2\pi\epsilon_0}\ln\left(\frac{\rho}{\infty}\right)$이고 $V(\rho) = \infty$가 되므로 식은 성립할 수 없다. 전위의 기준점을 $o = a(a \neq 0)$로 두면

$$V(\rho) = -\int_{a}^{\rho}\frac{1}{2\pi\epsilon_0}\frac{\lambda}{\rho}d\rho = -\frac{\lambda}{2\pi\epsilon_0}\ln\left(\frac{\rho}{a}\right) \quad \cdots\cdots\cdots\cdots \text{<식 4-24>}$$

가 된다.

<식 4-7>을 사용하여 전기장 $\vec{E}$를 구해보면

$$E_\rho = -\frac{dV}{d\rho} = -\frac{d}{d\rho}\left(-\frac{\lambda}{2\pi\epsilon_0}\ln\left(\frac{\rho}{a}\right)\right) = \frac{\lambda}{2\pi\epsilon_0}\left[\frac{d}{d\rho}\ln\rho - \frac{d}{d\rho}\ln a\right]\hat{\rho}$$

이고 $\frac{d}{d\rho}\ln a = 0$ 이므로

$$E_\rho = \frac{\lambda}{2\pi\epsilon_0}\frac{1}{\rho}\hat{\rho} \quad \cdots\cdots\cdots\cdots \text{<식 4-25>}$$

이 된다. <식 3-8>과 같다.

2. 전하 분포에 대한 전기적 퍼텐셜 에너지

<그림 4-8>처럼 $r=\infty$에 있던 q를 r지점까지 옮기는데 드는 일을 생각해 보자.

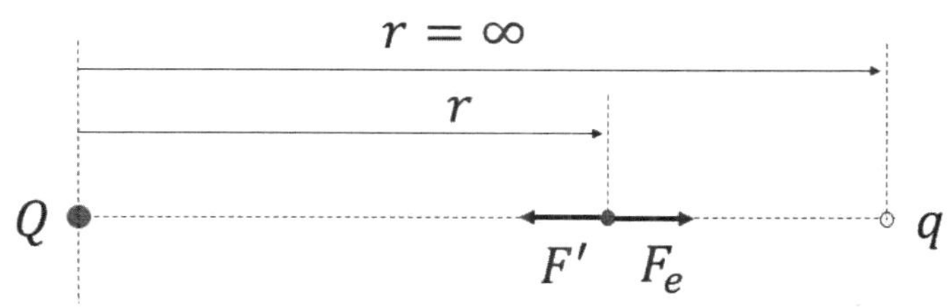

<그림 4-8>

<그림 4-1>에서 $\vec{F_e}=q\vec{E}$가 한 일과 반대 방향으로 힘 F'를 주어야 하므로

$$W_{F'}=-\int_{\infty}^{r} qEdr=-\int_{\infty}^{r} qk_e\frac{Q}{r^2}dr=qk_e\frac{Q}{r} \quad \cdots\cdots\cdots\cdots \langle 식\ 4\text{-}26\rangle$$

가 된다. $k_e\frac{Q}{r}$ 는 Q에 의한 r점의 전위임으로

$$W=qV(r) \quad \cdots\cdots\cdots\cdots \langle 식\ 4\text{-}27\rangle$$

로 표현할 수 있다. 이는 <식 4-1>의 결과인 $U(r)=k_e\frac{Qq}{r}$와 같은 식이므로 전하를 옮기는데 드는 일은 전하의 전기적 퍼텐셜 에너지로 저장된다고 말할 수 있다.

전하가 연속적인 분포를 이룰 때는 전기적 퍼텐셜 에너지는

선 전하일 경우

$$U=\frac{1}{2}\int \lambda V dl \quad \cdots\cdots\cdots\cdots \langle 식\ 4\text{-}28\rangle$$

면 전하일 경우

$$U=\frac{1}{2}\int \sigma V da \quad \cdots\cdots\cdots\cdots \langle 식\ 4\text{-}29\rangle$$

부피 전하일 경우

$$U=\frac{1}{2}\int \rho V d\tau \quad \cdots\cdots\cdots\cdots \langle 식\ 4\text{-}30\rangle$$

이고 <식 4-30>은 식을 유도하지 않겠지만 전하들에 의한 전기장을 사용하여 다음과 같이 표현할 수도 있다.

$$U = \frac{1}{2}\epsilon_0 \int_{\text{모든 공간}} E^2 d\tau \quad \cdots\cdots\cdots\cdots \text{<식 4-31>}$$

가. <그림 4-9>처럼 한 변의 길이가 a인 정삼각형의 꼭지점에 $q_1, q_2, q_3 (q = q_1 = q_2 = q_3)$를 끌어오는데 드는 일의 양은 어떻게 될까?

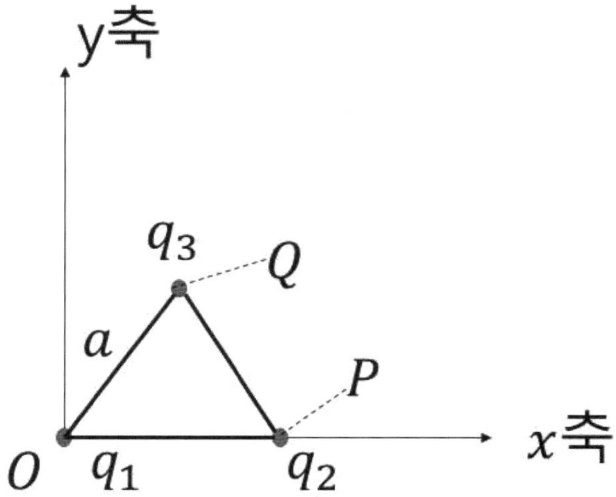

<그림 4-9>

먼저 원점O에 전하 q_1을 끌어올 때의 일 W_1은 <식 4-27>을 사용하면 원점O에서의 전위가 0이므로 $W_1 = 0$, P점에 q_2를 끌어올 경우 일 W_2는 q_1이 P점에 형성하는 전위가 $k_e \frac{q_1}{a}$이므로 $W_2 = q_2 k_e \frac{q_1}{a}$, Q점에 q_3를 끌어올 경우 일 W_3는 q_1, q_2가 Q점에 형성하는 전위가 $k_e (\frac{q_1}{a} + \frac{q_2}{a})$이므로 $W_3 = q_3 k_e (\frac{q_1}{a} + \frac{q_2}{a})$가 된다. 그러므로 $W = W_1 + W_2 + W_3$는

$$W = 0 + q_2 k_e \frac{q_1}{a} + q_3 k_e (\frac{q_1}{a} + \frac{q_2}{a}) = 3k_e \frac{q^2}{a}$$

이다.

나. <그림 4-10>처럼 한 변의 길이가 a인 정사각형의 꼭지점 세 점 O, A, B에 각각 $q_1 = q, q_2 = q, q_3 = q$가 고정되어 있을 때 C점에 전하 q를 끌어올 경우 드는 일양은 어떻게 될까?

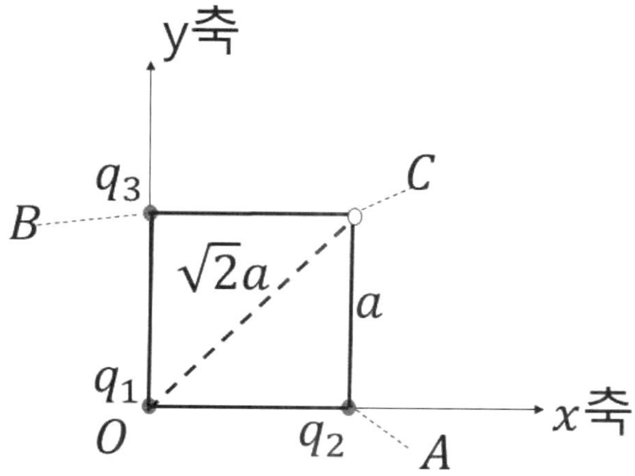

<그림 4-10>

O, A, B지점의 전하들에 의한 C점의 전위는 <식 4-4>를 사용하면 $V_C = k_e(\frac{q_2}{a} + \frac{q_3}{a} + \frac{q_1}{\sqrt{2}a}) = k_e \frac{q}{a}\left(2 + \frac{1}{\sqrt{2}}\right)$이므로 점 C에 전하 q을 끌어올 때의 일 W는 <식 4-27>을 사용하면

$$W = qV_C = qk_e \frac{q}{a}\left(2 + \frac{1}{\sqrt{2}}\right) = k_e \frac{q^2}{a}\left(2 + \frac{1}{\sqrt{2}}\right)$$

이다.

다. <그림 4-11>처럼 긴 직선상에 전하 $q, -q$를 등 간격 a로 번갈아 무한히 많이 끌어 올 때 드는 일양은 어떻게 될까?

<그림 4-11>

전하를 번갈아 배치할 때 드는 일의 양을 <그림 4-12>에 나타내었다.

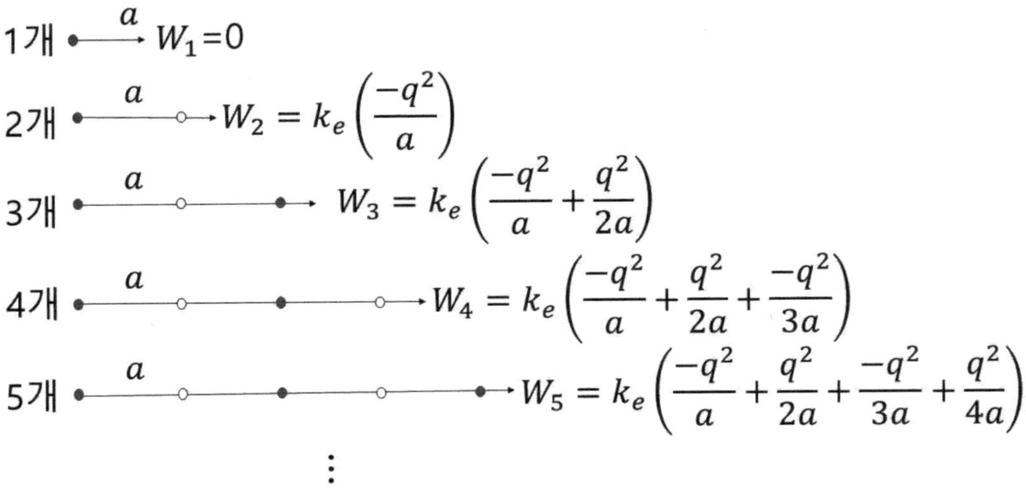

<그림 4-12>

무수히 많은 전하가 있으면 $\frac{-q^2}{a}, \frac{q^2}{2a}, \frac{-q^2}{3a}, \frac{q^2}{4a}\dots$ 과 같은 항의 개수(N)가 거의 같아지고 $W = W_1 + W_2 + W_3 + W_4 + W_5 + \dots$를 계산하면

$W = 0 + k_e\left(\frac{-q^2}{a}N + \frac{q^2}{2a}N + \frac{-q^2}{3a}N + \frac{q^2}{4a}N + \dots\right)$가 되고 식을 정리하면

$$\frac{W}{N} = k_e\frac{q^2}{a}\left(-1 + \frac{1}{2} - \frac{1}{3} + \frac{1}{4} + \dots\right) \quad \cdots\cdots\cdots\cdots \text{<식 4-32>}$$

이 된다. $\ln(1+x) = x - \frac{x^2}{2} + \frac{x^3}{3} - \frac{x^4}{4} + \dots$을 이용하고 $x=1$이면 $\ln(1+1) = 1 - \frac{1}{2} + \frac{1}{3} - \frac{1}{4} + \dots$이므로 <식 4-32>는

$$\frac{W}{N} = k_e\frac{q^2}{a}(-\ln 2)$$

가 된다.

라. <그림 4-13>처럼 공 껍질에 총 전하 Q가 고르게 퍼져 있을 때 공 껍질의 에너지는 어떻게 될까?

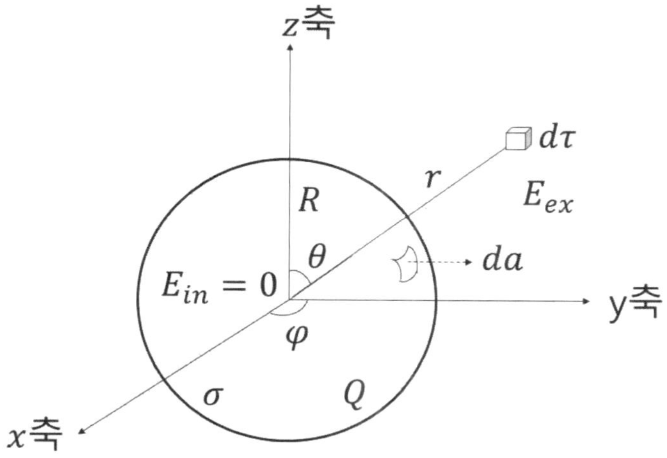

<그림 4-13>

<그림 4-13>과 같이 전하를 모으기 위해서는 일을 해줘야 하고 그때 한 일이 공 껍질에 저장되므로 <식 4-29>를 사용하면 된다. $r=R$에서의 전위는 <식 4-18>에서 $V(r)=\frac{1}{4\pi\epsilon_0}\frac{Q}{R}$이고, $da=R^2\sin\theta d\theta d\phi$, $\sigma=\frac{Q}{4\pi R^2}$를 사용하면

$$U=\frac{1}{2}\int\sigma Vda=\frac{1}{2}\int\frac{Q}{4\pi R^2}\frac{1}{4\pi\epsilon_0}\frac{Q}{R}R^2\sin\theta d\theta d\phi \cdots\cdots\cdots\cdots \text{<식 4-33>}$$

가 된다. <식 4-33>에 $\int\sin\theta d\theta d\phi=4\pi$를 사용하면

$$U=\frac{1}{2}\frac{Q}{4\pi R^2}\frac{1}{4\pi\epsilon_0}\frac{Q}{R}R^2 4\pi=\frac{1}{8\pi\epsilon_0}\frac{Q^2}{R} \cdots\cdots\cdots\cdots \text{<식 4-34>}$$

이 된다.

이번에는 <식 4-31>을 사용해 보자. <그림 4-13>에서 공 내부 전기장 E_{in}은 $E_{in}=0$, 공 외부 전기장 E_{ex}는 $\overrightarrow{E_{ex}}=\frac{1}{4\pi\epsilon_0}\frac{Q}{r^2}\hat{r}$이고 $d\tau=r^2\sin\theta drd\theta d\phi$<부록 8>, $E^2=\vec{E}\cdot\vec{E}=\left(\frac{Q}{4\pi\epsilon_0}\right)^2\frac{1}{r^4}$이므로

$$U=\frac{1}{2}\epsilon_0\int_{\text{모든 공간}}E^2d\tau=\frac{1}{2}\epsilon_0\int_{\text{외부 공간}}\left(\frac{Q}{4\pi\epsilon_0}\right)^2\frac{1}{r^4}r^2\sin\theta drd\theta d\phi \cdots\cdots\cdots\cdots \text{<식 4-35>}$$

가 된다. r에 대한 적분 구간은 $r=R$에서 $r=\infty$이고 $\int\sin\theta d\theta d\phi=4\pi$를 사용하면

$$U = \frac{1}{2}\epsilon_0 \left(\frac{Q}{4\pi\epsilon_0}\right)^2 4\pi \int_R^\infty \frac{1}{r^2} dr = \frac{1}{8\pi\epsilon_0}\frac{Q^2}{R} \cdots\cdots\cdots\cdots \text{<식 4-36>}$$

이 된다. <식 4-34>와 같다.

마. <그림 4-14>처럼 반지름이 R인 공 전체에 총 전하 Q가 고르게 퍼져 있을 때 공에 저장된 에너지는 어떻게 될까?

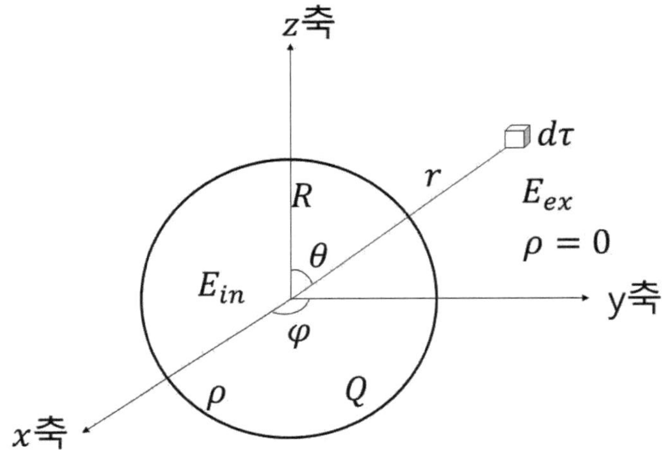

<그림 4-14>

공 밖의 전위 V_{ex}는 <식 4-22>에서 z을 r로 두면 $V_{ex} = \frac{1}{4\pi\epsilon_0}\frac{Q}{r}$, 공 내부의 전위 V_{in}은 <식 4-23>에서 z을 r로 두면 $V_{in} = \frac{1}{4\pi\epsilon_0}\frac{Q}{2R}\left(3 - \frac{r^2}{R^2}\right)$, $d\tau = r^2 \sin\theta dr d\theta d\phi$, $\rho = \frac{Q}{\frac{4}{3}\pi R^3}$이고 <식 4-30>을 사용하면

$$U = \frac{1}{2}\int \rho V d\tau = \frac{1}{2}\int \rho V_{in} d\tau = \frac{1}{2}\int \frac{Q}{\frac{4}{3}\pi R^3}\frac{1}{4\pi\epsilon_0}\frac{Q}{2R}\left(3 - \frac{r^2}{R^2}\right) r^2 \sin\theta dr d\theta d\phi \cdots\cdots \text{<식 4-37>}$$

가 된다. r에 대한 적분 구간은 $r=0$에서 $r=R$이고 $\int \sin\theta d\theta d\phi = 4\pi$를 사용하면

$$U = \frac{1}{2}\frac{Q}{\frac{4}{3}\pi R^3}\frac{1}{4\pi\epsilon_0}\frac{Q}{2R} 4\pi \left[3\frac{r^3}{3} - \frac{1}{R^2}\frac{r^5}{5}\right]_0^R = \frac{1}{4\pi\epsilon_0}\left(\frac{3}{5}\frac{Q^2}{R}\right) \cdots\cdots\cdots\cdots \text{<식 4-38>}$$

이 된다. 이번에는 <식 4-31>을 사용해 보자. 공 외부 전기장 E_{ex}는 <식 2-28>에서 z을 r로 두면

$\overrightarrow{E_{ex}} = \frac{1}{4\pi\epsilon_0}\frac{Q}{r^2}\hat{r}$, 공 내부 전기장$E_{in}$은 <식 3-15>에서 r'를 r로 두면 $\overrightarrow{E_{in}} = \frac{Q}{4\pi\epsilon_0}\frac{r}{R^3}\hat{r}$이므로

$$U = \frac{1}{2}\epsilon_0\int_{\text{모든공간}} E^2 d\tau = \frac{1}{2}\epsilon_0\left[\int_{\text{공내부}} E_{in}^2 d\tau + \int_{\text{공외부}} E_{ex}^2 d\tau\right] \cdots\cdots\cdots\cdots \text{<식 4-39>}$$

가 된다. $E_{in}^2 = \left(\frac{Q}{4\pi\epsilon_0}\right)^2\frac{r^2}{R^6}$, $E_{ex}^2 = \left(\frac{Q}{4\pi\epsilon_0}\right)^2\frac{1}{r^4}$, $d\tau = r^2\sin\theta drd\theta d\phi$, $\int\sin\theta d\theta d\phi = 4\pi$를 사용하면

$$U = \frac{1}{2}\epsilon_0\left(\frac{Q}{4\pi\epsilon_0}\right)^2 4\pi\left[\int_0^R \frac{r^4}{R^6}dr + \int_R^\infty \frac{1}{r^2}dr\right] = \frac{1}{4\pi\epsilon_0}\left(\frac{3}{5}\frac{Q^2}{R}\right) \cdots\cdots\cdots\cdots \text{<식 4-40>}$$

이 된다. <식 4-38>과 같다.

바. <그림 4-15>처럼 반지름이 a인 공 껍질에 전하 Q가 반지름이 b인 공 껍질에 전하 $-Q$가 고르게 퍼져 있을 때 공에 저장된 에너지는 어떻게 될까?

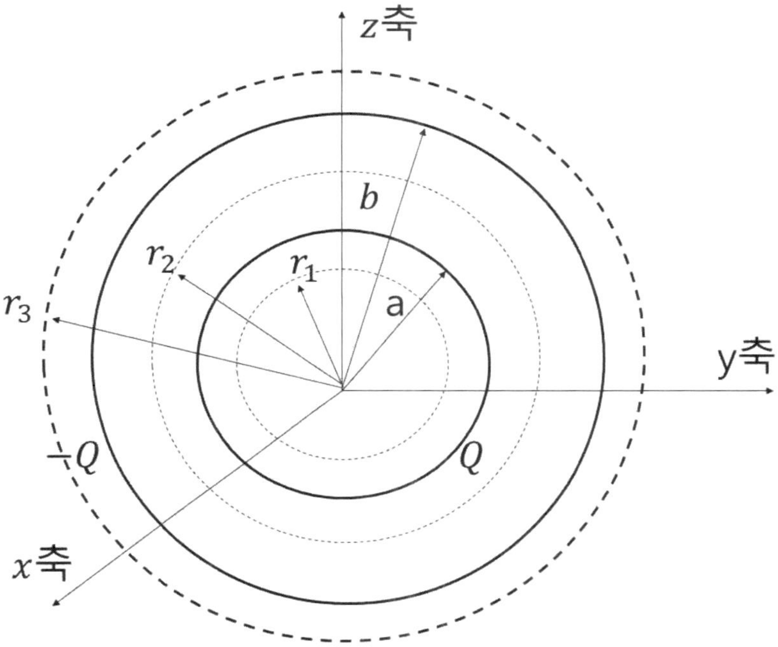

<그림 4-15>

먼저 각 지점의 전기장을 가우스 법칙을 이용하여 구해보면 <그림 4-15>에서
$r > b$일 때 공 껍질을 둘러싼 반경 r_3인 구면을 생각하고 가우스 법칙을 적용하면

$\int E_{r>b} \cdot da = \frac{q_{enc}}{\epsilon_0}$에서 $q_{enc} = Q + (-Q) = 0$이므로 $E_{r>b} = 0$,

$a<r<b$일 때 공 껍질을 둘러싼 반경 r_2인 구면을 생각하고 가우스 법칙을 적용하면

$\int E_{a<r<b} \cdot da = \frac{q_{enc}}{\epsilon_0}$에서 $q_{enc}=Q$이므로 $E_{a<r<b} 4\pi r_2 = \frac{Q}{\epsilon_0}$이고 $\overrightarrow{E_{a<r<b}} = \frac{1}{4\pi\epsilon_0}\frac{Q}{r_2^2}\hat{r}$이다.

$r<a$일 때 반경 r_1인 구면을 생각하고 가우스 법칙을 적용하면

$\int E_{r<a} \cdot da = \frac{q_{enc}}{\epsilon_0}$에서 $q_{enc}=0$이므로 $E_{r<a}=0$이다. <식 4-31>을 적용하면

$$U = \frac{1}{2}\epsilon_0 \int_{\text{모든 공간}} E^2 d\tau = \frac{1}{2}\epsilon_0 \left[\int_{a<r<b\text{인 공간}} E_{a<r<b}^2 d\tau \right] \cdots\cdots\cdots\cdots \langle\text{식 4-41}\rangle$$

가 된다. r에 대한 적분 구간은 $r=a$에서 $r=b$이고 $\int \sin\theta d\theta d\phi = 4\pi$, $d\tau = r^2 \sin\theta dr d\theta d\phi$를 사용하면

$$U = \frac{1}{2}\epsilon_0 \left(\frac{Q}{4\pi\epsilon_0}\right)^2 4\pi \left[\int_a^b \frac{1}{r^2} dr\right] = \frac{1}{2}\epsilon_0 \left(\frac{Q}{4\pi\epsilon_0}\right)^2 4\pi \left(\frac{1}{a} - \frac{1}{b}\right) = \frac{Q^2}{8\pi\epsilon_0}\left(\frac{1}{a} - \frac{1}{b}\right) \cdots\cdots\cdots \langle\text{식 4-42}\rangle$$

이 된다.

5. 축전기

<그림 5-1>처럼 극판 간격이 d이고 한 변의 길이가 a인 정사각형 금속판 두 개로 이루어진 평행판 축전기가 진공 중에 놓여 있다.

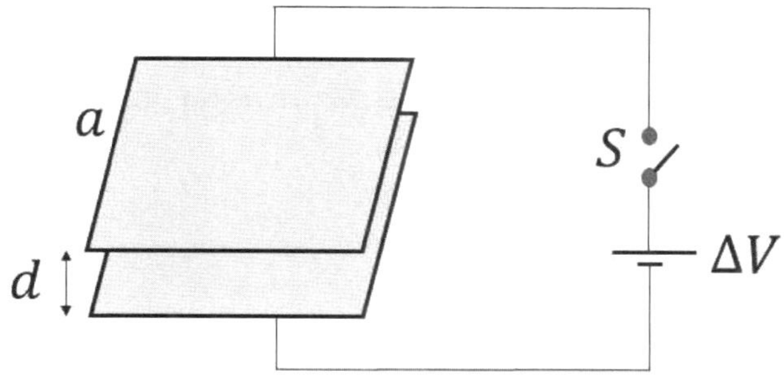

<그림 5-1>

스위치 S를 닫으면 금속판에 전하가 채워지기 시작하고 채워지는 전하량 Q는 전위차 ΔV에 비례한다. 그러므로

$$Q \propto \Delta V \cdots\cdots\cdots\cdots \langle 식\ 5\text{-}1 \rangle$$

로 나타낼 수 있다. Q와 ΔV가 등식 관계가 되기 위해서 비례상수 C를 도입하면

$$Q = C\Delta V \cdots\cdots\cdots\cdots \langle 식\ 5\text{-}2 \rangle$$

가 된다. C를 전기용량이라 한다.

<그림 5-2>처럼 축전기에 전하가 채워지는 과정을 생각해보자

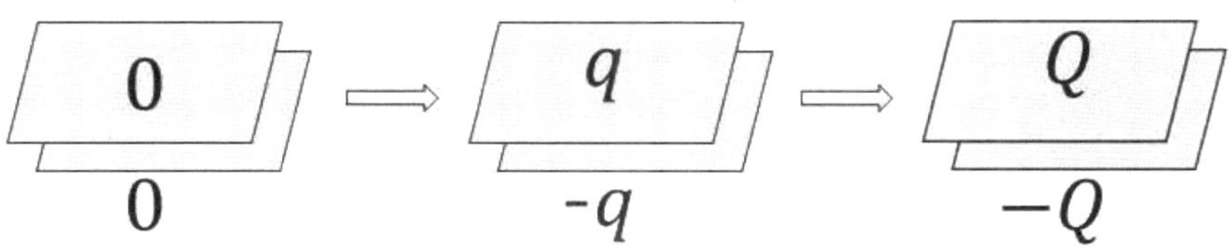

<그림 5-2>

<그림 5-2>에서 전하 q가 채워진 축전기에서 전하 Q로 채워지는 과정에서 q가 (−)전하라면 (+)극판에서는 q를 잡아끌고 (−)극판에서는 q를 밀어내므로 축전기에 전하 Q가 채워지기 위해서는 전하에 일을 해야 한다.

전하를 무한대에서 r까지 옮기는데 드는 일은 <식 4-27>에 의해 $W = q(V(r) - V(\infty))$이고 $V(\infty)$는 $r = \infty$를 기준점으로 두면 $V(\infty) = 0$이고

$$W = q\Delta V(r)$$

이다.

<그림 5-2>에서 dq만큼의 전하를 옮기는데 드는 일 dW는 $dW = dqdV$이고 <그림 5-2>에서 dV는 <식 5-2>를 사용하면 $dV = \frac{q}{C}$가 되므로 다음식이 성립한다.

$$dW = dqdV = dq\frac{q}{C} \cdots\cdots\cdots\cdots \langle 식\ 5\text{-}3\rangle$$

이다. <식 5-3>을 적분하면

$$W = \int \frac{q}{C}dq \cdots\cdots\cdots\cdots \langle 식\ 5\text{-}4\rangle$$

이다. 전하가 채워질 때 한 일은 극판에 전하가 0에서 Q로 될 때까지이고 q는 0에서 Q까지 변하고 해준 일이 축전기에 저장된 에너지(U)이므로

$$U = W = \int_0^Q \frac{q}{C}dq = \frac{1}{C}\left[\frac{q^2}{2}\right]_0^Q = \frac{Q^2}{2C} \cdots\cdots\cdots\cdots \langle 식\ 5\text{-}5\rangle$$

이 된다. Q만큼 채워진 후 두 극판 사이의 전위차 ΔV를 $\Delta V = V$로 두면 <식 5-2>는 $Q = CV$가 되고 이를 <식 5-5>에 대입하면

$$U = \frac{Q^2}{2C} = \frac{(CV)^2}{2C} = \frac{1}{2}CV^2 \cdots\cdots\cdots\cdots \langle 식\ 5\text{-}6\rangle$$

이 된다.

1. 평행판 축전기의 전기용량

<그림 5-3>처럼 전하 $Q, -Q$가 채원진 극판 간격이 d이고 넓이가 A인 평행판 축전기를 생각하자

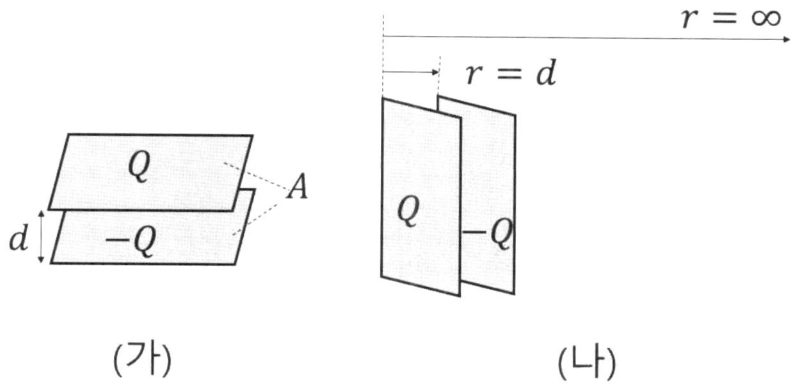

<그림 5-3>

<식 5-2>에서 $C=\frac{Q}{\varDelta V}$이므로 두 극판의 전위차 $\varDelta V$만 구하면 전기용량 C를 구할 수 있다.
$-Q$극판의 전위는 <식 4-8>에 의해서

$$V_{-Q}=-\int\vec{E}\cdot d\vec{l}=-\int_{\infty}^{0}\vec{E}\cdot d\vec{r}\cdots\cdots\cdots\cdots\text{<식 5-7>}$$

이고, Q극판의 전위는 <식 4-8>에 의해서

$$V_{Q}=-\int\vec{E}\cdot d\vec{l}=-\int_{\infty}^{d}\vec{E}\cdot d\vec{r}\cdots\cdots\cdots\cdots\text{<식 5-8>}$$

이다. 그리고 두 극판의 전위차는 $\varDelta V$ 는

$$\varDelta V=\left|V_{Q}-V_{-Q}\right|\cdots\cdots\cdots\cdots\text{<식 5-9>}$$

가 된다.
$\vec{E}$를 구하기 위해서는 <그림 5-4>의 (가)처럼 Q, $-Q$가 채워진 넓은 두 극판에 가우스 법칙을 적용해보자

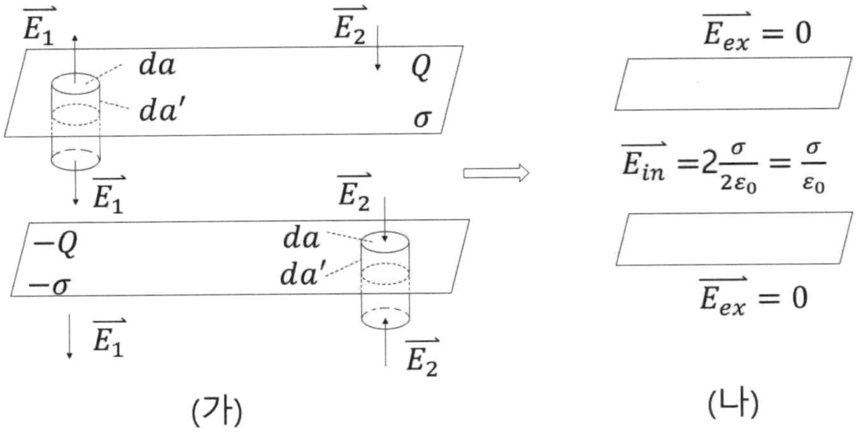

<그림 5-4>

Q극판의 작은 원기둥 표면을 고려하면 $\int \vec{E_1} \cdot \vec{da} = \frac{q_{enc}}{\epsilon_0}$에서 원기둥 곁면 da'와 $\vec{E_1}$은 수직이므로 $\vec{E_1} \cdot da' = 0$이 되고 da에 대해서는

$$\int \vec{E_1} \cdot \vec{da} = \frac{q_{enc}}{\epsilon_0} \Rightarrow E_1 2da = \frac{\sigma da}{\epsilon_0} \Rightarrow E_1 = \frac{\sigma}{2\epsilon_0}$$

이다. $-Q$극판에서는 E_2는 E_1와 크기는 같고 방향이 반대이다. 그러므로 <그림 5-4>의 (나)에서 두 극판 밖의 자기장 E_{ex}는 상쇄되고 극판 사이의 자기장 E_{in}은

$$E_{in} = 2E_1 = 2E_2 = 2\frac{\sigma}{2\epsilon_0} = \frac{\sigma}{\epsilon_0} \cdots\cdots\cdots\cdots \text{<식 5-10>}$$

가 된다.

<식 5-7>과 <식 5-8>에 <식 5-10>을 적용하면

$$V_{-Q} = -\int \vec{E} \cdot \vec{dl} = -\left(\int_{\infty}^{d} \vec{E_{ex}} \cdot \vec{dr} + \int_{d}^{0} \vec{E_{in}} \cdot \vec{dr}\right) = -\left(\int_{d}^{0} \frac{\sigma}{\epsilon_0} dr\right) = \frac{\sigma}{\epsilon_0} d$$

이고

$$V_Q = -\int \vec{E} \cdot \vec{dl} = -\left(\int_{\infty}^{d} \vec{E_{ex}} \cdot \vec{dr}\right) = -\left(\int_{\infty}^{d} 0 dr\right) = 0$$

이다. $\Delta V = |V_Q - V_{-Q}|$에 위의 두 식 결과를 대입하면

$$\Delta V = |V_Q - V_{-Q}| = \left|0 - \frac{\sigma}{\epsilon_0}d\right| = \frac{\sigma}{\epsilon_0}d$$ ············<식 5-11>

가 된다. $\sigma = \frac{Q}{A}$을 사용하고 <식 5-11>을 $C = \frac{Q}{\Delta V}$에 대입하면

$$C = \frac{Q}{\Delta V} = Q\frac{\epsilon_0 A}{Qd} = \frac{\epsilon_0 A}{d}$$ ············<식 5-12>

가 된다.

2. 공 껍질의 전기용량 1

<그림 5-5>처럼 반지름이 R인 공 껍질에 전하 Q가 채워져 있을 때 전기용량은 어떻게 될까?

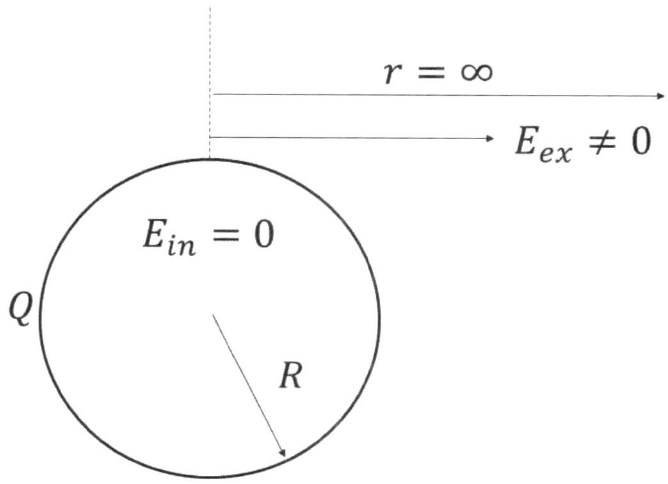

<그림 5-5>

<그림 5-5>에서 $r < R$인 영역에서 $E_{in} = 0$이고 $r > R$인 영역에서 $\overrightarrow{E_{ex}} = \frac{1}{4\pi\epsilon_0}\frac{Q}{r^2}\hat{r}$이므로

$C = \frac{Q}{\Delta V}$에서 전위차 ΔV를 구하면

$$\Delta V = -\int \vec{E} \cdot d\vec{l} = -\left(\int_{\infty}^{R} \overrightarrow{E_{ex}} \cdot d\vec{r}\right) = -\left(\int_{\infty}^{R} \frac{1}{4\pi\epsilon_0}\frac{Q}{r^2}dr\right) = \frac{1}{4\pi\epsilon_0}\frac{Q}{R}$$

가 되고

$$C = \frac{Q}{\Delta V} = Q\frac{4\pi\epsilon_0 R}{Q} = 4\pi\epsilon_0 R$$

가 된다.

3. 공 껍질의 전기용량 2

〈그림 5-6〉처럼 반지름이 a인 공 껍질에 전하 Q로 반지름이 b인 공 껍질에 전하 $-Q$로 채워진 공 껍질의 전기용량은 어떻게 될까?

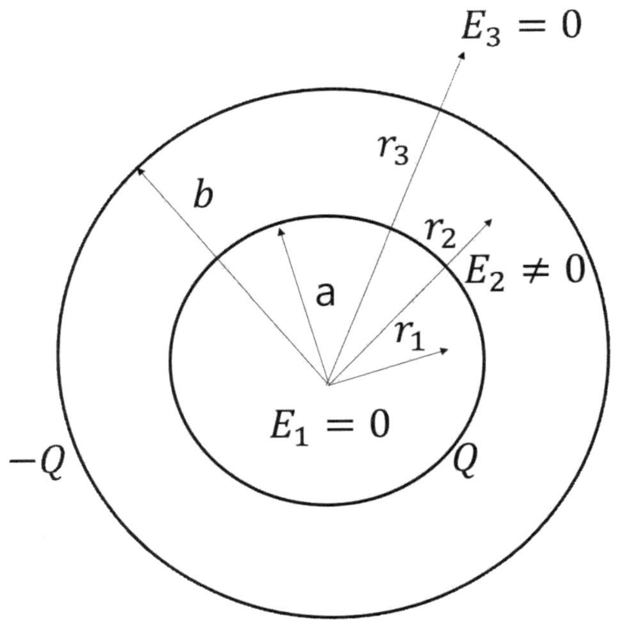

〈그림 5-6〉

4장.2.바에서 $r < a$일 때의 전기장 $E_1 = 0$, $r > b$일 때의 전기장 $E_3 = 0$, $a < r < b$일 때의 전기장 $E_2 = \overrightarrow{E_{a<r<b}} = \frac{1}{4\pi\epsilon_0}\frac{Q}{r_2^2}\hat{r}$이다. $C = \frac{Q}{\Delta V}$이므로 두 공 껍질의 전위차 ΔV만 구하면 전기용량 C를 구할 수 있다.

$$\Delta V = -\int \vec{E} \cdot d\vec{l} = -\left(\int_b^a \overrightarrow{E_{a<r<b}} \cdot d\vec{r}\right)$$

$$= -\left(\int_b^a \frac{1}{4\pi\epsilon_0}\frac{Q}{r^2}dr\right) = \frac{Q}{4\pi\epsilon_0}\left(\frac{1}{a} - \frac{1}{b}\right) = \frac{Q}{4\pi\epsilon_0}\left(\frac{b-a}{ab}\right)$$

가 된다. 그러므로

$$C = \frac{Q}{\Delta V} = Q\frac{4\pi\epsilon_0 ab}{Q(b-a)} = \frac{4\pi\epsilon_0}{(b-a)}ab$$

이다.

4. 긴 금속 원통의 전기용량

<그림 5-7>처럼 반지름이 a이고 전하 Q로 채워진 금속 원통과 반지름이 b이고 전하 $-Q$로 채워진 아주 긴 금속 원통의 길이 l에 대한 전기용량은 어떻게 될까?

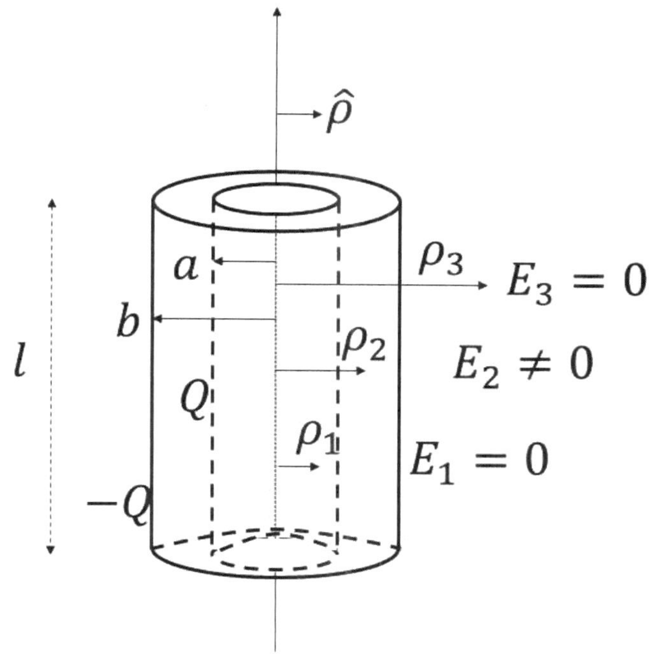

<그림 5-7>

가우스 법칙을 사용하여 전기장을 구하면 $\rho < a$일 때의 전기장 $E_1 = 0$, $\rho > b$일 때의 전기장 $E_3 = 0$, $a < \rho < b$일 때의 전기장 $E_2 = \overrightarrow{E_{a<\rho<b}} = \frac{1}{2\pi\epsilon_0}\frac{Q}{l}\frac{1}{\rho}\hat{\rho}$이다. $C = \frac{Q}{\Delta V}$이므로 두 원통의 전위차 ΔV만 구하면 전기용량 C를 구할 수 있다.

$$\Delta V = -\int \vec{E} \cdot d\vec{l} = -\left(\int_b^a \overrightarrow{E_{a<r<b}} \cdot d\vec{\rho}\right)$$

$$= -\left(\int_b^a \frac{1}{2\pi\epsilon_0}\frac{Q}{l}\frac{1}{\rho}d\rho\right) = -\frac{1}{2\pi\epsilon_0}\frac{Q}{l}\ln\left(\frac{a}{b}\right) = \frac{1}{2\pi\epsilon_0}\frac{Q}{l}\ln\left(\frac{b}{a}\right)$$

가 된다. 그러므로

$$C = \frac{Q}{\Delta V} = Q\frac{2\pi\epsilon_0}{1}\frac{l}{Q}\frac{1}{\ln\left(\frac{b}{a}\right)} = \frac{2\pi\epsilon_0}{\ln\left(\frac{b}{a}\right)}l$$

이다.

5. 축전기 연결

가. <그림 5-8>처럼 두께가 각각 d_1, d_2, d_3이고 표면적이 A로 같은 전기용량이 C_1, C_2, C_3인 3개의 축전기를 직렬로 연결하면 합성 전기용량은 어떻게 될까?

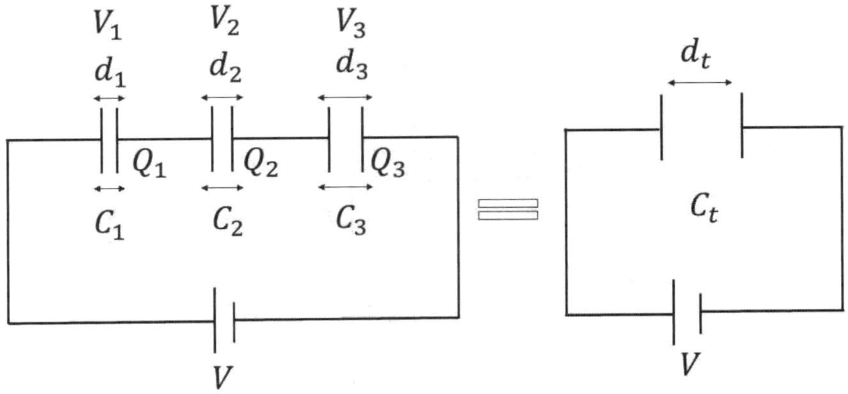

<그림 5-8>

<그림 5-8>에서 C_1, C_2, C_3에 각각 Q_1, Q_2, Q_3의 전하량이 저장되었다고 하면 각 축전기의 전위차는 $V_1 = \frac{Q_1}{C_1}$, $V_2 = \frac{Q_2}{C_2}$, $V_3 = \frac{Q_3}{C_3}$가 된다. 걸어준 전위차 V는 $V = V_1 + V_2 + V_3 = \frac{Q_1}{C_1} + \frac{Q_2}{C_2} + \frac{Q_3}{C_3}$가 되어야 하고 직렬 연결이므로 $Q = Q_1 = Q_2 = Q_3$의 관계가 있으므로

$$V = \frac{Q}{C_1} + \frac{Q}{C_2} + \frac{Q}{C_3}$$

가 된다. <그림 5-8>처럼 전체 전기용량을 C_t라고 하면 $V = \frac{Q}{C_t}$이므로

$$\frac{Q}{C_t} = \frac{Q}{C_1} + \frac{Q}{C_2} + \frac{Q}{C_3} \Rightarrow \frac{1}{C_t} = \frac{1}{C_1} + \frac{1}{C_2} + \frac{1}{C_3} \cdots\cdots\cdots\cdots \text{<식 5-13>}$$

이 된다.

<식 5-13>에 $d_t = \frac{A\epsilon_0}{C_t}, d_1 = \frac{A\epsilon_0}{C_1}, d_2 = \frac{A\epsilon_0}{C_2}, d_3 = \frac{A\epsilon_0}{C_3}$를 대입하면

$$\frac{d_t}{A\epsilon_0} = \frac{d_1}{A\epsilon_0} + \frac{d_2}{A\epsilon_0} + \frac{d_3}{A\epsilon_0} \Rightarrow d_t = d_1 + d_2 + d_3$$

가 된다. 이는 축전기를 직렬 연결하면 두 금속판 사이의 거리가 멀어지는 효과를 주는 것이다. 즉 전기용량이 줄어든다.

나. <그림 5-9>처럼 두께가 d로 같고 표면적이 각각 A_1, A_2, A_3인 전기용량이 C_1, C_2, C_3인 3개의 축전기를 병렬로 연결하면 합성 전기용량은 어떻게 될까?

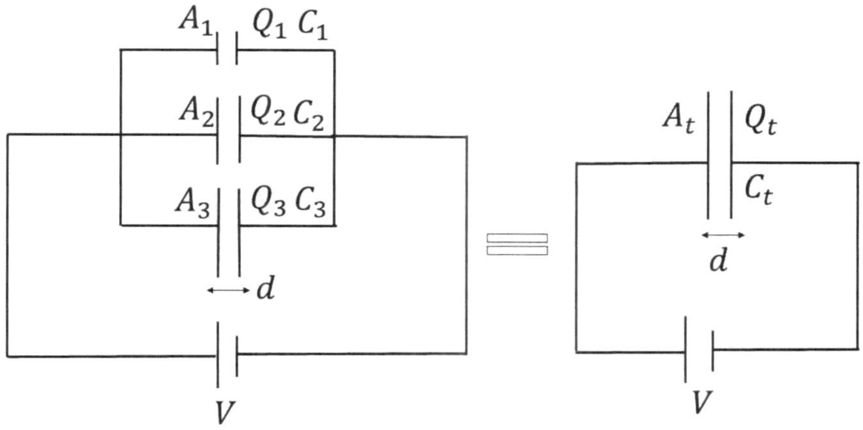

<그림 5-9>

<그림 5-9>에서 C_1, C_2, C_3에 각각 Q_1, Q_2, Q_3의 전하량이 저장되었다고 하면 각 축전기의 전하량은 $Q_1 = C_1 V, Q_2 = C_2 V, Q_3 = C_3 V$가 된다. 세 가지 축전기에 저장된 총 전하량 Q_t는 $Q_t = Q_1 + Q_2 + Q_3$가 되어야 하고 $Q_t = C_t V$이므로

$$C_t V = C_1 V + C_2 V + C_3 V \Rightarrow C_t = C_1 + C_2 + C_3 \cdots\cdots\cdots\cdots \text{<식 5-14>}$$

가 된다. <식 5-14>에 $C_t = \frac{A_t \epsilon_0}{d}, C_1 = \frac{A_1 \epsilon_0}{d}, C_2 = \frac{A_2 \epsilon_0}{d}, C_3 = \frac{A_3 \epsilon_0}{d}$를 대입하면

$$\frac{A_t \epsilon_0}{d} = \frac{A_1 \epsilon_0}{d} + \frac{A_2 \epsilon_0}{d} + \frac{A_3 \epsilon_0}{d} \Rightarrow A_t = A_1 + A_2 + A_3$$

가 된다. 이는 축전기를 병렬로 연결하면 두 금속판의 넓이가 커지는 효과를 주는 것이다. 즉 전기용량이 증가한다.

다. 전하량이 Q_0로 충전된 축전기에 유전체(유전율 ϵ)를 극판과 겹치도록 <그림 5-10>과 같이 x만큼 밀어 넣었을 때 두 극판 사이의 전위차 V_1과 축전기에 저장된 에너지는 어떻게 될까?

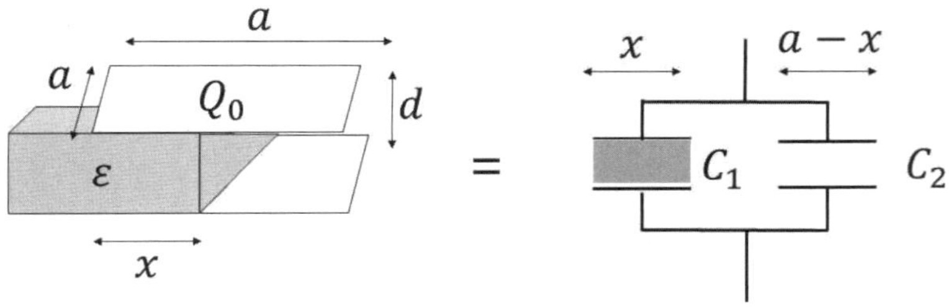

〈그림 5-10〉

극판에 유전체를 x만큼 밀어 넣었을 때, 두 개의 축전기의 배열은 두 개의 축전기의 병렬 연결과 같다. 두 축전기의 병렬 연결에서 총 축전기의 전기용량 C_t는 두 축전기의 전기용량의 합($C_1 + C_2$)과 같으므로 C_t는

$$C_t = C_1 + C_2 = \epsilon\frac{ax}{d} + \epsilon_0\frac{a(a-x)}{d} = \frac{a}{d}[\epsilon_0 a + (\epsilon - \epsilon_0)x] \quad \cdots\cdots\cdots\cdots \langle 식\ 5\text{-}15\rangle$$

이다.

축전기 전체의 전하량은 Q_0로 동일하므로 x만큼 유전체를 밀어 넣었을 때, 두 축전기는 병렬 연결된 상태이므로 전위차는 V_1으로 같고

$$Q_0 = C_t V_1 \quad \cdots\cdots\cdots\cdots \langle 식\ 5\text{-}16\rangle$$

이 된다. $Q_0 = \epsilon_0\frac{a^2}{d}V$와 〈식 5-15〉를 사용하면

$$Q_0 = \epsilon_0\frac{a^2}{d}V = \frac{a}{d}[\epsilon_0 a + (\epsilon - \epsilon_0)x]V_1$$

이 되고, 식을 정리하면

$$V_1 = \frac{\epsilon_0 a}{\epsilon_0 a + (\epsilon - \epsilon_0)x}V \quad \cdots\cdots\cdots\cdots \langle 식\ 5\text{-}17\rangle$$

가 된다. 〈식 5-17〉에서 $x = 0$이면 $V_1 = V$가 된다.

축전기에 저장된 전기에너지는 $U_1 = \frac{1}{2}Q_0 V_1$으로 표현되고

$Q_0 = \epsilon_0 \frac{a^2}{d} V$ 와 <식 5-17>을 사용하면

$$U_1 = \frac{1}{2} Q_0 V_1 = \frac{1}{2} \frac{\epsilon_0^2 a^3}{d[\epsilon_0 a + (\epsilon - \epsilon_0)x]} V^2$$

이 된다.

6. 전류에 의한 자기장

직선 전류에 의한 자기장과 원형 전류에 의한 자기장에 관한 내용을 기술할 때 자기장의 세기(B)와 전류의 세기(I) 관계를 간단한 실험을 통하여 이들 사이의 관계식을 유도하고 있다.

직선 전류에 의한 자기장은 전류의 세기에 비례하고 도선으로부터의 거리(r)에 반비례하므로 $B \propto \frac{I}{r}$로 표현하고 비례상수 k를 도입하여

$$B = k\frac{I}{r}$$

(k : $2\times10^{-7}\mathrm{N/A^2}$, N : 힘의세기, A : 전류세기(ampere), r : m, B= T(테슬라))로 표현한다.

원형 전류 중심에서의 자기장은 전류의 세기에 비례하고 원형 도선의 반지름(R)에 반비례하므로 $B \propto \frac{I}{R}$로 표현하고 비례상수 k'를 도입하여

$$B = k'\frac{I}{R}$$

(k' : $2\pi\times10^{-7}\mathrm{N/A^2}$, R : m)로 표현한다.

원형 전류가 빽빽하게 단위 길이당 n번 감겨져 있는 솔레노이드 내부에서의 자기장은 $B \propto nI$로 표현하고 비례상수 k''를 도입하여

$$B = k''nI$$

로 표현한다.

어떻게 이런 식들이 유도되는지 알아보고 전류가 흐르는 모양이 다양할 때에도 전류에 의한 자기장을 구해보자.

1. 오른나사 법칙과 비오사바르의 법칙(Biot-Savart's Law)

전류가 흐르는 직선 도선 주위에는 도선을 중심으로 하는 원 모양의 동심원인 자기장이 생기는데 이 자기장의 방향은 <그림 6-1>에서 보는 바와 같이 오른손 엄지손가락을 전류가 흐르는 방향으로 하고 나머지 네 손가락이 전류를 감싸고 있을 때 네 손가락이 돌아가면서 가리키는 방향이 자기장의 방향이 되며 이는 오른나사가 회전할 때의 방향과 같다. 이를 오른나사 법칙이라고 한다.

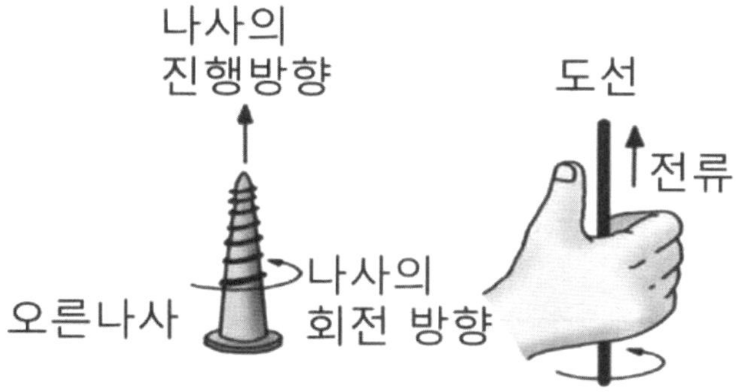

<그림 6-1>

비오사바르의 법칙이란 정상전류가 흐르고 있는 도선 주위의 자기장의 세기를 구하는 법칙으로 이 법칙을 이용하면 도선 밖의 한 점에서의 자기장의 세기는 도선의 미소 전류가 만드는 자기장을 벡터 합으로써 구할 수 있다는 법칙이다. 관계식은 다음과 같다.

$$d\overrightarrow{B} = \frac{\mu_0}{4\pi}\frac{I\overrightarrow{ds}\times\overrightarrow{r}}{r^3} = \frac{\mu_0}{4\pi}\frac{I\overrightarrow{ds}\times\hat{r}}{r^2} \quad \cdots\cdots\cdots\cdots <식\ 6\text{-}1>$$

<식 6-1>에서 r은 도선에서 떨어진 거리, $\hat{r}$은 $\overrightarrow{r}$방향의 단위벡터, ds는 도선의 미소 길이를 나타내며 μ_0는 투자율($\mu_0 \fallingdotseq \mu_{진공} = 4\pi \times 10^{-7} N/A^2$)이라고 하는데 이는 자기장의 영향을 받아 자화할 때 생기는 자기력선속 밀도와 진공 중에서 나타나는 자기장 세기의 비를 말하며 진공의 투자율($\mu_{진공}$)은 매우 작은 값으로 거의 0에 가까우며, 공기의 투자율(μ_0)도 이와 근사하여 이 값을 사용한다.

2. 무한히 긴 직선 전류에 의한 자기장

<그림 6-2>처럼 무한히 긴 직선 도선에서 x축 방향으로 거리가 R만큼 떨어진 점 P에서의 자기장의 세기는 어떻게 될까?

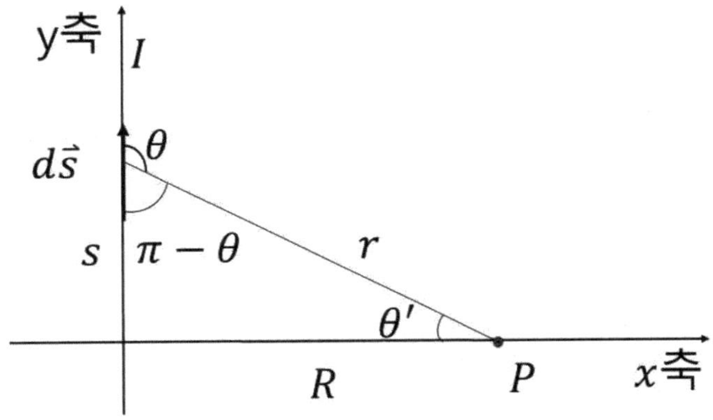

<그림 6-2>

y축 방향으로 흐르는 미소 전류 $I\vec{ds}$가 점 P에 만드는 자기장은 <식 6-1>을 사용하면 $\vec{dB} = \frac{\mu_0}{4\pi}\frac{I\vec{ds}\times\hat{r}}{r^2}$이고 방향은 점 P에 수직으로 들어가는 방향$\otimes$이다.

직선상의 모든 미소 전류$I\vec{ds}$가 점 P에 만드는 자기장의 방향이 같으므로 모든 미소 전류가 만드는 자기장을 더하면 점 P에서의 직선 전류가 만드는 자기장을 구할 수 있다.

<식 6-1>을 다시 표현하면

$$dB = \frac{\mu_0}{4\pi}\frac{Ids}{r^2}\sin\theta$$

이며, $r = \sqrt{s^2+R^2}$, $\sin\theta = \frac{R}{\sqrt{s^2+R^2}}$을 대입하면

$$dB = \frac{\mu_0}{4\pi}\frac{Ids}{(s^2+R^2)}\frac{R}{\sqrt{s^2+R^2}} = \frac{\mu_0 I}{4\pi}\frac{R}{(s^2+R^2)^{\frac{3}{2}}}ds \quad \cdots\cdots\cdots\cdots \text{<식 6-2>}$$

가 된다.

<식 6-2>를 $s=-\infty$에서 $s=+\infty$까지 적분하면 점 P에서의 자기장의 세기를 구할 수 있는데 s를 0에서 $+\infty$까지 적분한 값의 두 배를 취하면

$$B = 2\times\frac{\mu_0 I}{4\pi}\int_0^{\infty}\frac{R}{(s^2+R^2)^{\frac{3}{2}}}ds$$

이다. 식에 $s = R\tan\theta', ds = R\sec^2\theta' d\theta'$로 하고 $s=0$일 때 $\theta'=0$, $s=+\infty$일 때 $\theta' = \frac{\pi}{2}$임을 사용하면

$$B = \frac{\mu_0 I}{2\pi}\int_0^{\frac{\pi}{2}} \frac{R}{(R^2\tan^2\theta + R^2)^{\frac{3}{2}}} R\sec^2\theta d\theta = \frac{\mu_0}{2\pi}\frac{I}{R}\int_0^{\frac{\pi}{2}}\frac{1}{\sec\theta}d\theta$$

가 된다. 이를 적분하면

$$B = \frac{\mu_0}{2\pi}\frac{I}{R} \quad \cdots\cdots\cdots\cdots \langle 식\ 6\text{-}3\rangle$$

이다. 이 식은 앞에서 표현한 $B = k\frac{I}{r}$식과 같은 식이 되어 $k = \frac{\mu_0}{2\pi}$가 된다.

또 다른 방법으로 무한 직선 전류에 의한 자기장을 구해보자.

다음 〈그림 6-3〉처럼 무한히 긴 직선 도선이 거리가 R만큼 떨어진 곳 점 P에 만드는 자기장의 세기는 〈식 6-1〉을 적용하면

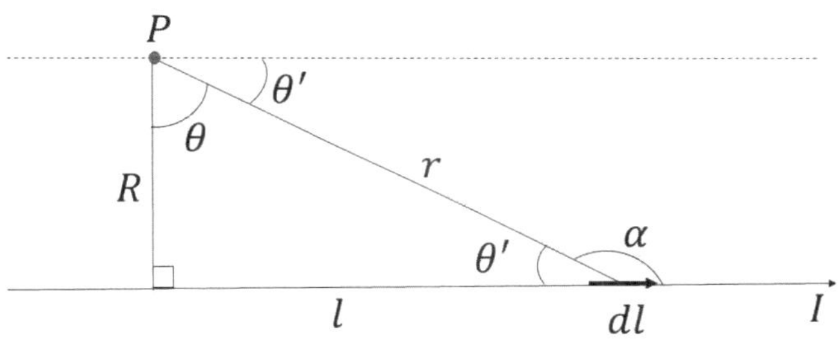

〈그림 6-3〉

$d\vec{B} = \frac{\mu_0}{4\pi}\frac{Id\vec{l}\times\hat{r}}{r^2}$이고 방향은 점 P에 수직으로 나오는 방향 ⊙이다. 직선상의 모든 미소 전류 $Id\vec{l}$이 점 P에 만드는 자기장의 방향이 같으므로 모든 미소 전류가 만드는 자기장을 더하면 점 P에서의 직선 전류가 만드는 자기장을 구할 수 있다.

$$B = \frac{\mu_0}{4\pi}\int \frac{Id\vec{l}\times\hat{r}}{r^2} = \frac{\mu_0 I}{4\pi}\int \frac{dl\sin\alpha}{r^2} \quad \cdots\cdots\cdots\cdots \langle 식\ 6\text{-}4\rangle$$

가 된다.

$dl\sin\alpha = dl\sin(\pi-\theta') = dl\sin\theta' = dl\sin(\frac{\pi}{2}-\theta) = dl\cos\theta$, $\quad l = R\tan\theta \Rightarrow dl = R\sec^2\theta d\theta = \frac{R}{\cos^2\theta}d\theta$,

$R = r\cos\theta \Rightarrow \frac{1}{r^2} = \frac{\cos^2\theta}{R^2}$를 사용하고 적분 구간도 전류가 $-\infty$쪽에는 $\theta = -\frac{\pi}{2}$, $+\infty$쪽에는 $\theta = +\frac{\pi}{2}$이므로 <식 6-4>를 정리하면

$$B = \frac{\mu_0 I}{4\pi}\int \frac{\cos\theta\cos^2\theta}{R^2}\frac{R}{\cos^2\theta}d\theta = \frac{\mu_0 I}{4\pi}\int_{-\frac{\pi}{2}}^{\frac{\pi}{2}} \frac{\cos\theta}{R}d\theta \quad \cdots\cdots\cdots\cdots \langle 식\ 6\text{-}5\rangle$$

가 되고, 적분하면

$$B = \frac{\mu_0 I}{4\pi}\frac{1}{R}[\sin\theta]_{-\frac{\pi}{2}}^{\frac{\pi}{2}} = \frac{\mu_0}{2\pi}\frac{I}{R} \quad \cdots\cdots\cdots\cdots \langle 식\ 6\text{-}6\rangle$$

가 된다. 이 식은 <식 6-3>과 같은 식이 된다.

3. 원형 전류에 의한 자기장

<그림 6-4>처럼 xy평면에 놓여진 원형 도선의 중심에서 z축 방향으로 거리가 z만큼 떨어진 점 P에서의 자기장의 세기는 어떻게 될까?

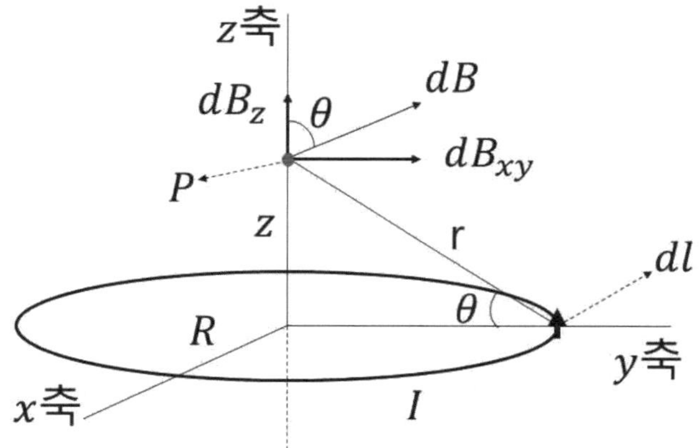

<그림 6-4>

xy평면에 흐르는 미소 전류 $I\vec{dl}$이 점 P에 만드는 자기장은 <식 6-1>을 사용하면 $\vec{dB}=\dfrac{\mu_0}{4\pi}\dfrac{I\vec{dl}\times\hat{r}}{r^2}$이고 방향은 $\vec{dB}$이고 이를 분해한 것이 $\overrightarrow{dB_{xy}}$, $\overrightarrow{dB_z}$이다. 원형 도선 상의 모든 미소 전류가 점 P에 만드는 자기장의 $\overrightarrow{dB_{xy}}$ 성분은 대칭성 때문에 없어지고 $\overrightarrow{dB_z}$만 남는다. 그러므로 미소 전류$I\vec{dl}$이 만드는 $\overrightarrow{dB_z}$만 모두 더하면 점 P에서의 전류가 만드는 자기장을 구할 수 있다.

$\overrightarrow{dB_z}=\vec{dB}\cos\theta$이고 최종적으로

$$B_z=\frac{\mu_0 I}{4\pi}\int\frac{\cos\theta}{r^2}dl \quad \cdots\cdots\cdots\cdots \langle 식\ 6\text{-}7\rangle$$

이 된다. 식에 $\cos\theta=\dfrac{R}{r}=\dfrac{R}{\sqrt{R^2+z^2}}, r^2=R^2+z^2$을 대입하여 정리하면

$$B_z=\frac{\mu_0 I}{4\pi}\frac{R}{\sqrt{R^2+z^2}}\frac{1}{R^2+z^2}\int dl$$

이고, $\int dl=2\pi R$을 사용하면

$$B_z=\frac{\mu_0 I}{4\pi}\frac{R}{(R^2+z^2)^{\frac{3}{2}}}2\pi R=\frac{\mu_0 I}{2}\frac{R^2}{(R^2+z^2)^{\frac{3}{2}}} \quad \cdots\cdots\cdots\cdots \langle 식\ 6\text{-}8\rangle$$

이 된다.

원형 도선 중심에서의 자기장은 $z=0$일 때이므로 이를 <식 6-8>에 적용하면 $B_z=\dfrac{\mu_0}{2}\dfrac{I}{R}$가 되어 앞에서 설명한 식$B=k'\dfrac{I}{R}$와 비교하면 $k'=\dfrac{\mu_0}{2}$가 된다.

직선 도선에 의한 $k=\dfrac{\mu_0}{2\pi}$와 원형 전류에 의한 $k'=\dfrac{\mu_0}{2}$를 비교하면 $k'=\pi k$가 된다.

4. 솔레노이드에 의한 자기장

<그림 6-5>처럼 단위 길이당 n번 감겨져 있고 전류 I가 흐르는 길이가 아주 긴 솔레노이드 중심 P점에서의 자기장은 어떻게 될까?

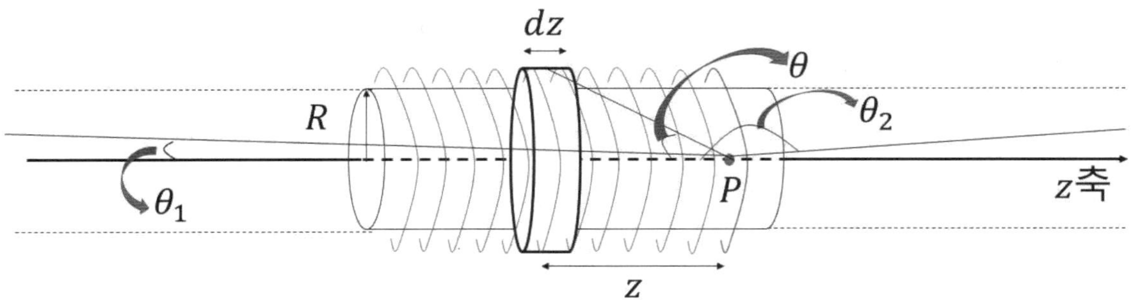

<그림 6-5>

<그림 6-5>의 결과는 <식 6-8>의 결과 $B_z = \frac{\mu_0 I}{4\pi}\frac{R}{(R^2+z^2)^{\frac{3}{2}}}2\pi R = \frac{\mu_0 I}{2}\frac{R^2}{(R^2+z^2)^{\frac{3}{2}}}$들을 합하면 된다. 먼저 그림의 dz에 흐르는 전류는 $nIdz$이므로 <식 6-8>결과의 I를 $I \rightarrow nIdz$으로 바꾸면 B_z은 미소 전류가 만드는 자기장이므로 $B_z \rightarrow dB_z$이 되어

$$dB_z = \frac{\mu_0 nIdz}{2}\frac{R^2}{(R^2+z^2)^{\frac{3}{2}}} \quad \cdots\cdots\cdots\cdots \text{<식 6-9>}$$

이 된다. 그러므로 <식 6-9>는 z에 대한 적분이고 B의 방향은 $\hat{z}$방향이므로

$$B = \int \frac{\mu_0 nI}{2}\frac{R^2}{(R^2+z^2)^{\frac{3}{2}}}\hat{z}dz \quad \cdots\cdots\cdots\cdots \text{<식 6-10>}$$

이 된다. 식을 적분하기 위해 $\tan\theta = \frac{R}{z}$로 두면 $z = R\cot\theta$이고

$$dz = -R\csc^2\theta d\theta = -R\frac{1}{\sin^2\theta}d\theta \text{<부록 9>},$$

$$\frac{1}{(R^2+z^2)^{\frac{3}{2}}} = \frac{1}{(R^2+R^2\cot^2\theta)^{\frac{3}{2}}} = \frac{1}{R^3(1+\cot^2\theta)^3} = \frac{\sin^3\theta}{R^3}$$

이 되므로

$$B=\frac{\mu_0 nI}{2}\int\frac{R^2}{1}\frac{\sin^3\theta}{R^3}(-)R\frac{1}{\sin^2\theta}\hat{z}d\theta=-\frac{\mu_0 nI}{2}\int\sin\theta\hat{z}d\theta \quad \cdots\cdots\cdots\cdots \text{<식 6-11>}$$

가 된다. 솔레노이드의 $z\to-\infty$에서는 $\theta_1=0$으로, $z\to\infty$에서는 $\theta_2=\pi$로 접근하므로

$$B=-\frac{\mu_0 nI}{2}\int_0^{\pi}\sin\theta\hat{z}d\theta=\frac{\mu_0 nI}{2}(1+1)=\mu_0 nI \quad \cdots\cdots\cdots\cdots \text{<식 6-12>}$$

가 된다. $B=k^{''}nI$와 비교하면 $k^{''}=\mu_0$이다.

5. 정사각형 전류에 의한 자기장

<그림 6-6>처럼 정사각형 고리에 전류 I가 흐를 때 중심 P점에서의 자기장은 어떻게 될까?

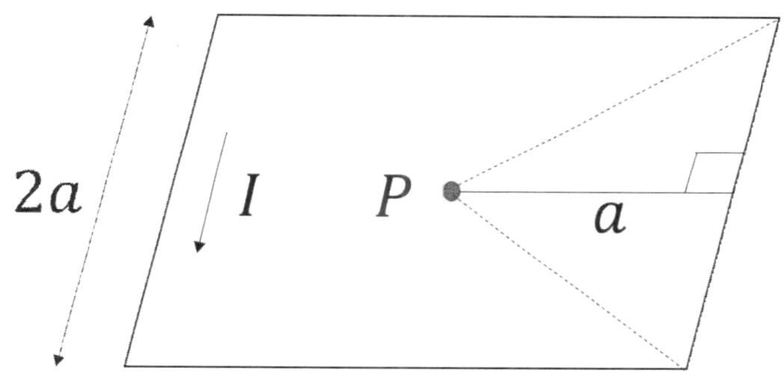

<그림 6-6>

먼저 <그림 6-7>처럼 정사각형의 한 변만 생각해보자.

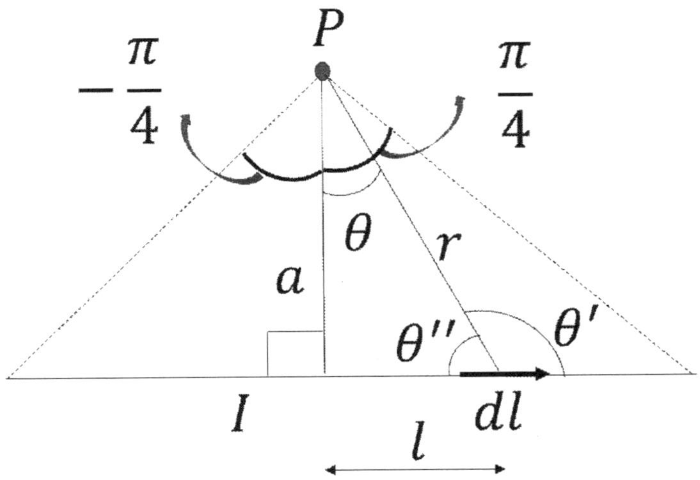

<그림 6-7>

P점에 미소 전류 $I\vec{dl}$이 만드는 자기장은 <식 6-1>을 사용하면 $\vec{dB}=\frac{\mu_0}{4\pi}\frac{I\vec{dl}\times\hat{r}}{r^2}=\frac{\mu_0}{4\pi}\frac{I\vec{dl}\sin\theta'}{r^2}$이고 방향은 점 P에 수직으로 나오는 방향 ⊙이다.

$r^2=a^2+l^2$, $l=a\tan\theta$, $r^2=a^2+a^2\tan^2\theta=a^2\sec^2\theta$, $dl=a\sec^2\theta d\theta$,

$\sin\theta'=\sin(\pi-\theta'')=\sin\theta''=\sin\left[\pi-\left(\frac{\pi}{2}+\theta\right)\right]=\sin\left(\frac{\pi}{2}+\theta\right)=\cos\theta$를 사용하면

$$B=\frac{\mu_0}{4\pi}\int\frac{I\vec{dl}\sin\theta'}{r^2}=\frac{\mu_0 I}{4\pi}\int\frac{a\sec^2\theta d\theta\cos\theta}{a^2\sec^2\theta} \quad \cdots\cdots\cdots\cdots \text{<식 6-12>}$$

가 된다. <식 6-12>에서 θ에 대한 적분 구간이 $-\frac{\pi}{4}$에서 $\frac{\pi}{4}$까지이고 사각형의 나머지 세 변의 효과를 고려하면

$$B=4\frac{\mu_0 I}{4\pi}\int_{-\frac{\pi}{4}}^{\frac{\pi}{4}}\frac{a\sec^2\theta\cos\theta}{a^2\sec^2\theta}d\theta=\frac{\mu_0 I}{\pi}\frac{1}{a}[\sin\theta]_{-\frac{\pi}{4}}^{\frac{\pi}{4}}=\sqrt{2}\frac{\mu_0 I}{\pi a} \quad \cdots\cdots\cdots\cdots \text{<식 6-13>}$$

가 된다.

<그림 6-8>처럼 일반적인 n각형일 때를 생각해보자.

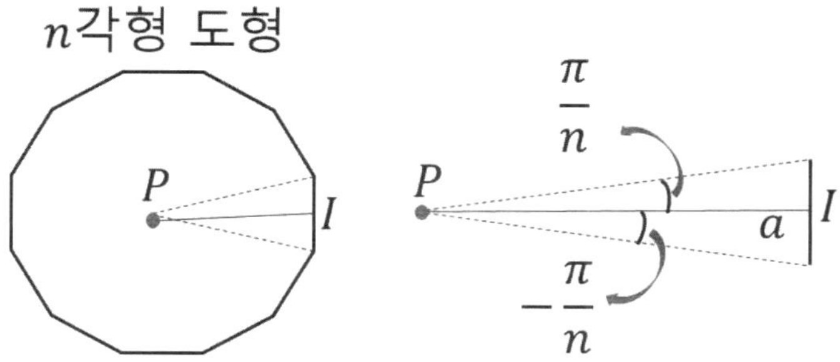

〈그림 6-8〉

n각형의 작은 한 변을 확대시킨 그림에서 작은 한 변이 P점에 형성하는 자기장은 〈식 6-12〉와 같고 적분 구간은 $-\frac{\pi}{n}$에서 $\frac{\pi}{n}$까지가 되어 n개 변의 효과를 모두 고려하면 〈식 6-13〉에 의해

$$B = n\frac{\mu_0 I}{4\pi a}\int_{-\frac{\pi}{n}}^{\frac{\pi}{n}}\cos\theta d\theta = n\frac{\mu_0 I}{2\pi a}\sin\frac{\pi}{n} \quad \cdots\cdots\cdots\cdots〈식\ 6\text{-}14〉$$

가 된다.

원일 경우를 생각해보면 $n\rightarrow\infty$이므로 $\lim_{n\rightarrow\infty}B = \lim_{n\rightarrow\infty}n\frac{\mu_0 I}{2\pi a}\sin\frac{\pi}{n}$가 되고 $\sin\frac{\pi}{n}\rightarrow\frac{\pi}{n}$이므로 〈식 6-14〉는

$$B \approx n\frac{\mu_0 I}{2\pi a}\frac{\pi}{n} = \frac{\mu_0 I}{2a} \quad \cdots\cdots\cdots\cdots〈식\ 6\text{-}15〉$$

가 된다. 원형 도선의 중심에서의 자기장 세기 $B = \frac{\mu_0}{2}\frac{I}{R}(R=a)$와 같다.

6. 직선과 곡선 전류에 의한 자기장

〈그림 6-9〉와 같이 두 개의 직선 전류와 두 개의 곡선 전류(원형 전류)가 흐를 때 P점에서의 자기장은 어떻게 될까?

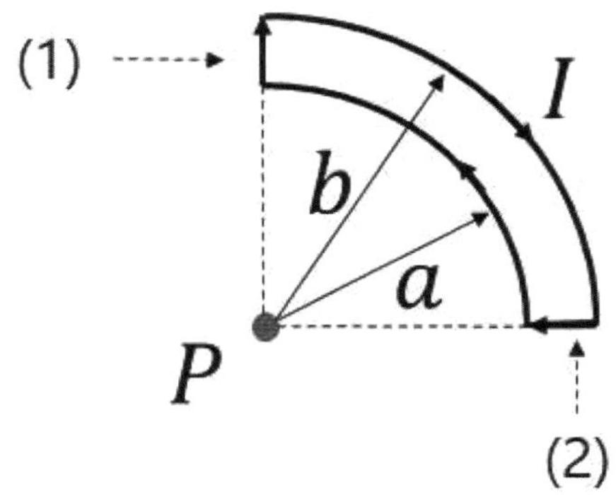

<그림 6-9>

<그림 6-9>에서 (1)번 직선 전류를 <식 6-1>을 적용시키면 $\vec{dl}\times\hat{r}=|dl||\hat{r}|\sin 180^{\circ}=0$, (2)번 직선 전류를 <식 6-1>을 적용시키면 $\vec{dl}\times\hat{r}=|dl||\hat{r}|\sin 0^{\circ}=0$이 되어 곡선 전류들만 P점에 자기장을 형성한다.

반지름 a인 곡선 전류가 형성하는 P점에서의 자기장 방향은 수직으로 나오는 방향 ⊙이고 크기는 원형 전류에 의한 중심에서의 자기장 $B=\frac{\mu_0}{2}\frac{I}{R}=\frac{\mu_0}{2}\frac{I}{a}$의 $\frac{1}{4}$배이므로 $B=\frac{\mu_0}{2}\frac{I}{a}\frac{1}{4}$이고, 반지름 b인 곡선 전류가 형성하는 P점에서의 자기장 방향은 수직으로 들어가는 방향 ⊗이고 크기는 원형 전류에 의한 중심에서의 자기장 $B=-\frac{\mu_0}{2}\frac{I}{R}=-\frac{\mu_0}{2}\frac{I}{b}$의 $\frac{1}{4}$배이므로 $B=-\frac{\mu_0}{2}\frac{I}{b}\frac{1}{4}$이므로 두 곡선 전류를 합하면

$$B=\frac{\mu_0}{2}\frac{I}{a}\frac{1}{4}-\frac{\mu_0}{2}\frac{I}{b}\frac{1}{4}=\frac{\mu_0 I}{8}\left(\frac{1}{a}-\frac{1}{b}\right)$$

이다.

7. 전하의 회전에 의한 자기장

<그림 6-10>처럼 전하 Q가 고르게 펴져있는 반지름이 R인 공 껍질이 각속도 ω로 회전할 때 공 껍질의 중심 P점에서의 자기장 어떻게 될까?

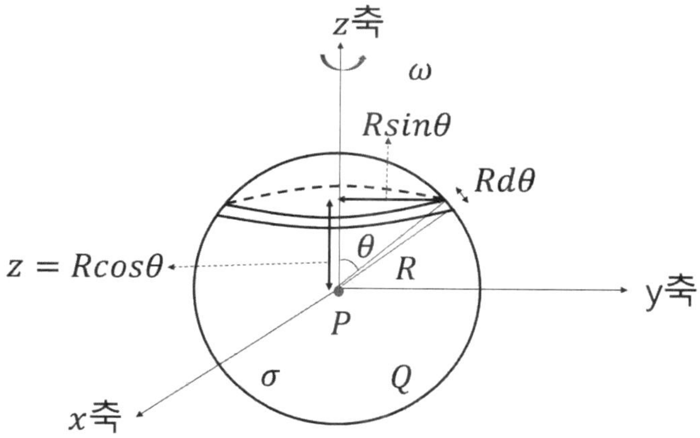

<그림 6-10>

먼저 전하가 움직일 경우의 전류를 생각해보자.

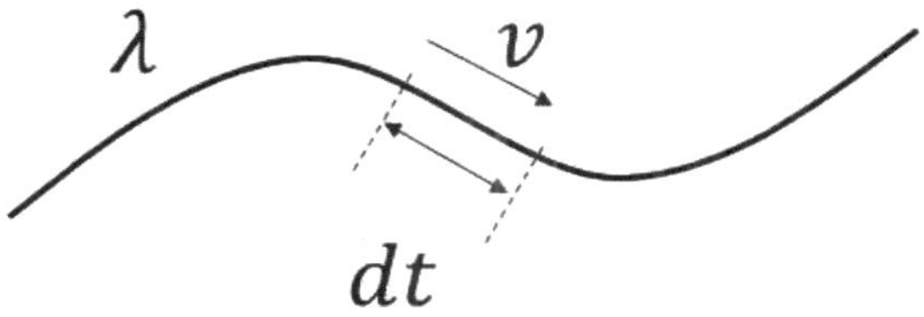

<그림 6-11>

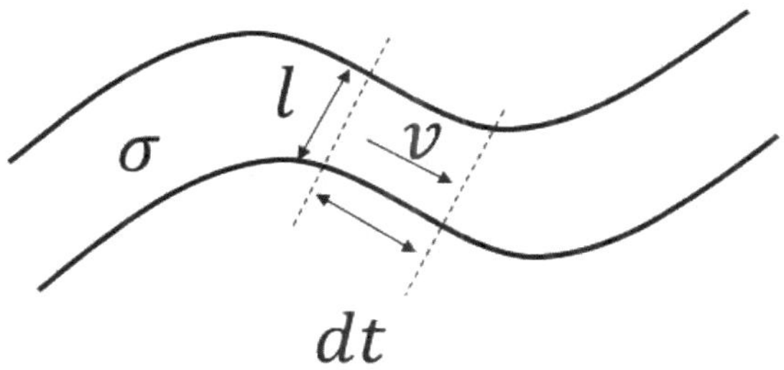

<그림 6-12>

<그림 6-11>처럼 선 전하 밀도 λ인 도선을 따라 전하가 속력v로 dt초 동안 이동할 경우 이동한 총 전하량 dQ는 $dQ=\lambda v dt$가 된다. 이때 흐르는 전류 I는

$$I=\frac{dQ}{dt}=\frac{\lambda v dt}{dt}=\lambda v$$

가 된다.

<그림 6-12>처럼 표면 전하 밀도 σ이고, 폭 l이 v로 dt초 동안 이동할 경우 이동한 총 전하량 dQ는 $dQ=\sigma lvdt$가 된다. 이때 흐르는 전류 I'는 $I'=\frac{dQ}{dt}=\frac{\sigma lvdt}{dt}=\sigma lv$이고 단위 길이당 흐르는 전류 I는

$$\vec{I}=\frac{I'}{l}=\sigma\vec{v}$$

가 된다.

그러므로 <그림 6-10>에서 단위 길이의 띠가 움직일 경우 $I=\sigma v$에서 $v=Rsin\theta\omega$<부록 10>이므로 $I=\sigma(R\omega\sin\theta)$가 되고 여기에 띠의 폭 $Rd\theta$를 곱하면 I는 dI로 바뀌므로

$$dI=\sigma(R\omega\sin\theta)Rd\theta$$

가 된다.

<식 6-8>에서 I를 dI로 바꾸면 B는 dB가 되므로

$dB=\frac{\mu_0 dI}{2}\frac{R^2}{(R^2+z^2)^{\frac{3}{2}}}$이 되고 이 식은 $R\rightarrow R\sin\theta$, $z\rightarrow R\cos\theta$로 바뀌면 된다. 그러므로

$$dB=\frac{\mu_0}{2}\sigma(R\omega\sin\theta)Rd\theta\,\frac{(R\sin\theta)^2}{(R^2\sin^2\theta+R^2\cos^2\theta)^{\frac{3}{2}}}\hat{z}=\frac{\mu_0\sigma R\omega}{2}\sin^3\theta\hat{z}d\theta \quad \cdots\cdots\cdots\cdots\text{<식 6-16>}$$

가 된다. θ에 대한 적분이므로

$B=\frac{\mu_0\sigma R\omega}{2}\int_0^{\pi}\sin^3\theta\hat{z}d\theta$이고 $\int_0^{\pi}\sin^3\theta d\theta=\frac{4}{3}$<부록 11>, $\sigma=\frac{Q}{4\pi R^2}$을 사용하면

$$B=\frac{\mu_0 R\omega}{2}\frac{Q}{4\pi R^2}\frac{4}{3}\hat{z}=\frac{\mu_0 Q\omega}{6\pi R}\hat{z} \quad \cdots\cdots\cdots\cdots\text{<식 6-17>}$$

이 된다. ω가 커질수록 B도 세기가 증가한다.

8. 앙페르(Ampere' s law) 법칙

자기장 B는 B의 회전에 대해 다음과 같은 방정식이 성립한다.

$$\vec{\nabla} \times \vec{B} = \mu_0 \vec{J} \quad \cdots\cdots\cdots\cdots \langle 식\ 6\text{-}18 \rangle$$

식에서 $\vec{J}$는 부피 전류 밀도이다.

<그림 6-13>처럼 전류가 경계선 안쪽에 흐르고 있을 때 경계선으로 둘러싸인 면적 A에 대해 <식 6-18>을 적분하면

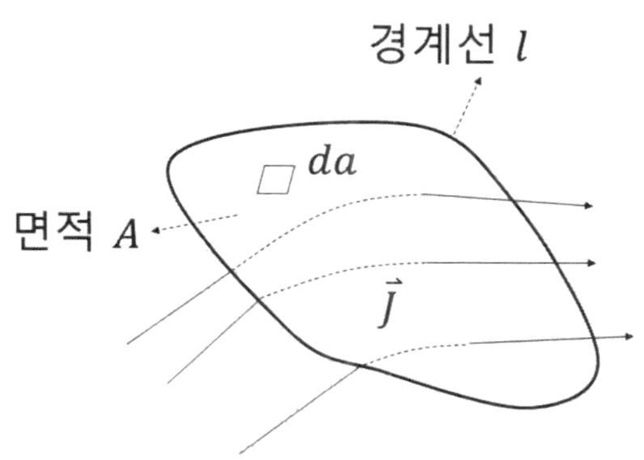

<그림 6-13>

$$\int (\vec{\nabla} \times \vec{B}) \cdot d\vec{a} = \int \mu_0 \vec{J} \cdot d\vec{a}$$

가 되고 이 식은 스토크스 정리(Stokes' Theorem)에 의해

$$\int \vec{B} \cdot d\vec{l} = \mu_0 \int \vec{J} \cdot d\vec{a} = \mu_0 I_{enc} \quad \cdots\cdots\cdots\cdots \langle 식\ 6\text{-}19 \rangle$$

가 된다. 식의 $\int \vec{J} \cdot d\vec{a}$는 면적 A를 통과하는 총 전류이므로 I_{enc}는 총 전류를 의미한다. 즉 <식 6-19>는 경계선 l을 따라 적분한 값은 $\mu_0 I_{enc}$와 같다는 것을 의미한다. <식 6-18>과 <식 6-19>를 앙페르 법칙이라 한다.

가. 앙페르 법칙을 이용한 직선 전류의 자기장

<그림 6-14>의 (가)처럼 무한히 긴 직선 도선에서 거리가 R만큼 떨어진 곳 점 P에 만드는 자기장은 어떻게 될까?

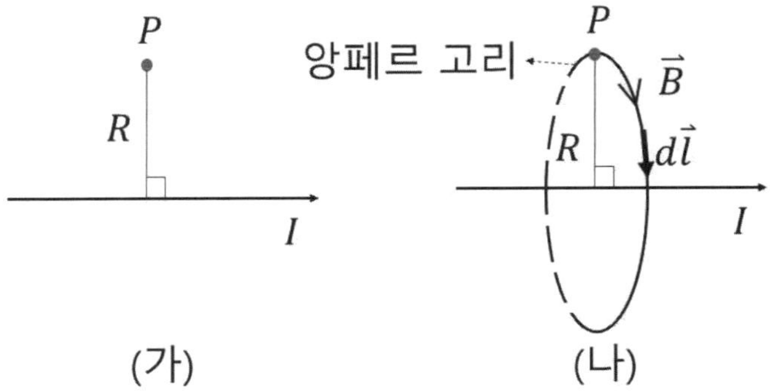

<그림 6-14>

<그림 6-14>의 (나)처럼 반지름이 R인 앙페르 고리를 설정하고 <식 6-19>를 적용시키면 $\int \vec{B} \cdot d\vec{l} = \mu_0 I_{enc}$이고 $\vec{B} \cdot d\vec{l} = Bdl$, $I_{enc} = I$이므로

$$\int \vec{B} \cdot d\vec{l} = \mu_0 I_{enc} \Rightarrow B\int dl = \mu_0 I \Rightarrow B2\pi R = \mu_0 I \Rightarrow B = \frac{\mu_0}{2\pi}\frac{I}{R} \quad \cdots\cdots\cdots\cdots \langle 식\ 6\text{-}20 \rangle$$

이다. <식 6-6>과 같은 식이다.

나. 앙페르 법칙을 이용한 솔레노이드 내부의 자기장

<그림 6-15>처럼 단위 길이당 n번 감겨져 있고 전류 I가 흐르는 길이가 아주 긴 솔레노이드 내부 P점에서의 자기장은 어떻게 될까?

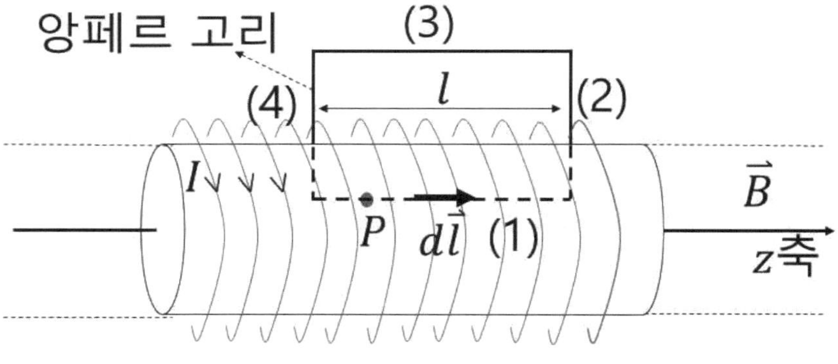

<그림 6-15>

<그림 6-15>에서 직사각형인 앙페르 고리를 설정하고 <식 6-19>를 적용시키면 $\int \vec{B} \cdot d\vec{l} = \mu_0 I_{enc}$이고 (1)번에서는 $\vec{B} \cdot d\vec{l} = Bdl$, (2),(4)번에서는 $\vec{B} \cdot d\vec{l} = Bdl\cos\frac{\pi}{2} = 0$, (3)번에서는 $\vec{B} \cdot d\vec{l} = 0dl = 0$ $I_{enc} = lnI$이므로

$$\int \vec{B} \cdot d\vec{l} = \mu_0 I_{enc} \Rightarrow Bl = \mu_0 lnI \Rightarrow B = \mu_0 nI \quad \cdots\cdots\cdots\cdots \text{<식 6-21>}$$

이다. <식 6-12>와 같은 식이다.

다. 앙페르 법칙을 이용한 원환체 내부의 자기장

<그림 6-16>처럼 전류 I가 흐르는 도선이 원환체에 총 N번 감겨져 있을 때 원환체 내부에서의 자기장은 어떻게 될까?

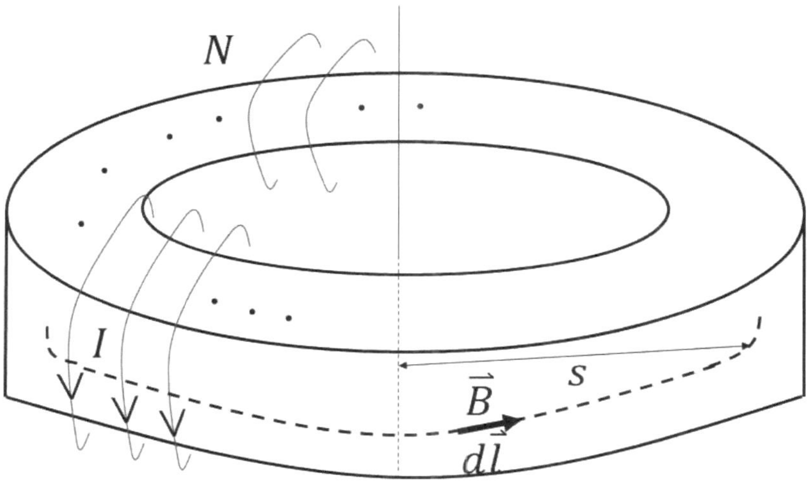

<그림 6-16>

<그림 6-16>에서 반지름이 s인 원형의 앙페르 고리를 설정하고 <식 6-19>를 적용시키면 $\int \vec{B} \cdot d\vec{l} = \mu_0 I_{enc}$이고 $\vec{B} \cdot d\vec{l} = Bdl$, $I_{enc} = NI$이므로

$$\int \vec{B} \cdot d\vec{l} = \mu_0 I_{enc} \Rightarrow B2\pi s = \mu_0 NI \Rightarrow B = \frac{\mu_0 NI}{2\pi s} \quad \cdots\cdots\cdots\cdots \text{<식 6-22>}$$

이다. B의 방향은 원둘레 방향($\hat{\phi}$)이다.

7. 자기장 속에서 전류가 받는 힘

균일한 자기장 속에서 전류가 흐르는 도선이 받는 힘의 방향은 <그림 7-1>과 같이 오른손을 펴서 네 손가락이 자기장의 방향(B)을 가리키게 하고 엄지손가락은 도선에 흐르는 전류(I)의 방향을 향하도록 하면 손바닥이 가리키는 방향이 도선이 받는 힘(F)의 방향이 된다.

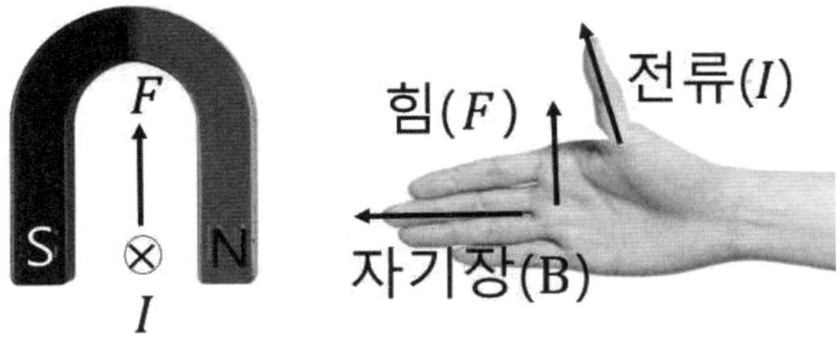

<그림 7-1>

전류가 흐르는 도선이 자기장 속에서 받는 힘의 크기(F_B)는 자기장의 세기(B), 도선에 흐르는 전류의 세기(I), 자기장 속에 있는 도선의 길이(l)에 비례한다. 자기장의 방향과 전류의 방향이 수직일 때, 자기력의 크기가 최대가 되고 자기장의 세기(B)와 도선에 흐르는 전류의 세기(I)가 θ를 이룰 때, 자기력의 크기는 다음과 같은 식이 성립한다.

$$F_B = BIl\sin\theta$$ …………<식 7-1>

먼저 로렌츠 힘(Lorentz force)을 알아보자.
운동하는 전하가 자기장 속에서 받는 힘을 말하는 것으로 전하의 운동 방향에만 영향을 미친다.

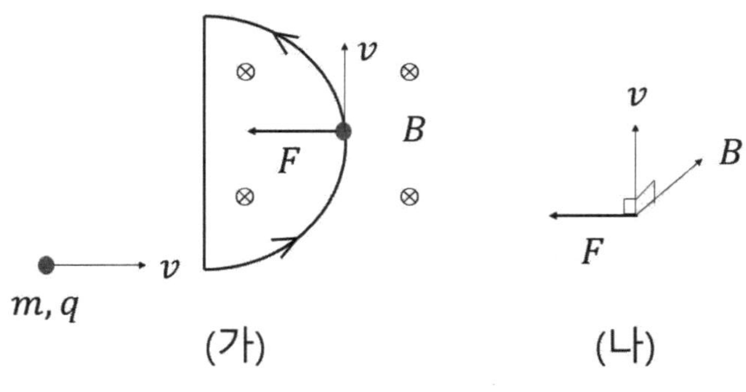

<그림 7-2>

<그림 7-2>의 (가)처럼 균일한 자기장 영역 속에 속도 v로 입사된 대전 입자는 운동 방향에 수직한 힘을 계속 받아 원 운동하게 되는데 이때 받는 자기력 F_B는 전하량 q, 입자의 속력 v에 비례하고 방향은 <그림 7-2>의 (나)에 표시되어 있다. 이를 식으로 나타내면

$$F_B = q\vec{v}\times\vec{B} = |q||v|B\sin\theta \quad \cdots\cdots\cdots\cdots \text{<식 7-2>}$$

가 된다. 자기장의 세기(B)와 도선에 흐르는 전류의 세기(I)가 $\theta=\frac{\pi}{2}$일 때 대전 입자가 받는 힘이 최대가 된다.

<식 7-1>을 유도하기 위해 <그림 7-3>처럼 단위 체적당 전하의 개수가 n인 도선 속에서 전하 q가 속력 v로 움직일 때 일정 시간 dt초 후 단면적 A를 지나는 전하량 dQ는 $dQ=Avdt\,qn$이고 전류(I)는 $I=\frac{dQ}{dt}$이므로

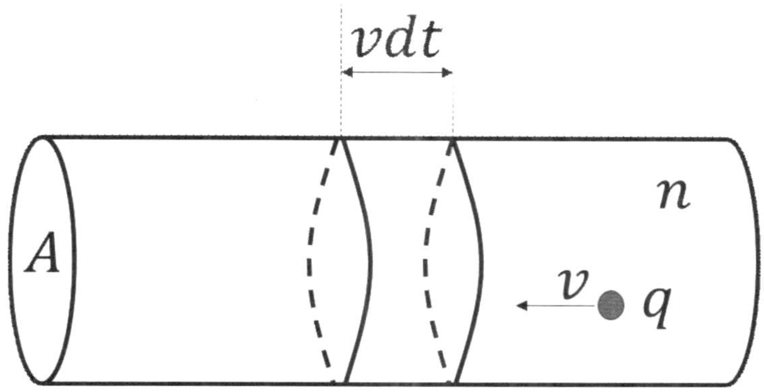

<그림 7-3>

전류는

$$I=\frac{dQ}{dt}=\frac{Avdt\,qn}{dt}=Anqv$$

로 나타낼 수 있다.

또한 <그림 7-4>처럼 도체(A:단면적, l:길이, n:단위 체적당 전하의 개수)에서 미소 부피 $d\tau$속 미소 전하량 dq가 v의 속력으로 움직일 때 dq가 받는 자기력의 크기는 <식 7-2>에 의해

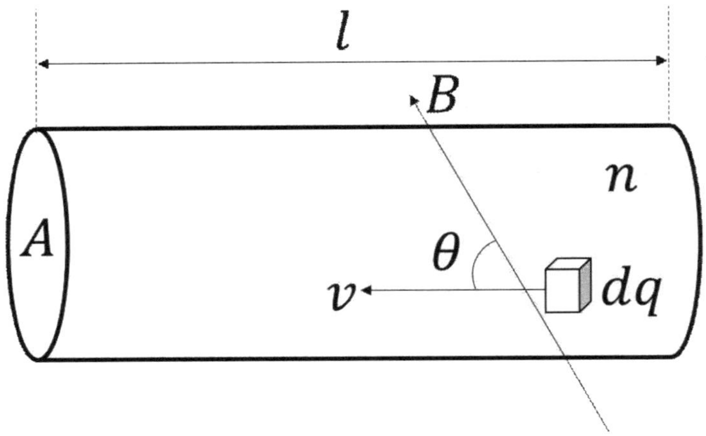

〈그림 7-4〉

$dF_{dq} = dq\vec{v}\times\vec{B}$가 되고 $dq = nqd\tau$를 사용하고 전체 부피 속의 전하가 받는 힘을 더하면

$$F_B = \int dF_{dq} = \int dq\vec{v}\times\vec{B} = \int \vec{v}\times\vec{B}nqd\tau = vBsin\theta\int d\tau = vBsin\theta nqAl$$

이 된다. 도선 전체(전체 전하량 Q)가 받는 자기력은 $I = Anqv$이므로

$$F_B = BAnqvlsin\theta = BIlsin\theta = \vec{B}\times\vec{I}l \quad \cdots\cdots\cdots\cdots \text{<식 7-3>}$$

이 된다. <식 7-1>과 같다.

<식 7-1>과 <식 7-3>의 결과는 직선 전류일 때의 결과이다. <그림 7-5>처럼 전류가 곡선일 경우를 생각해보자.

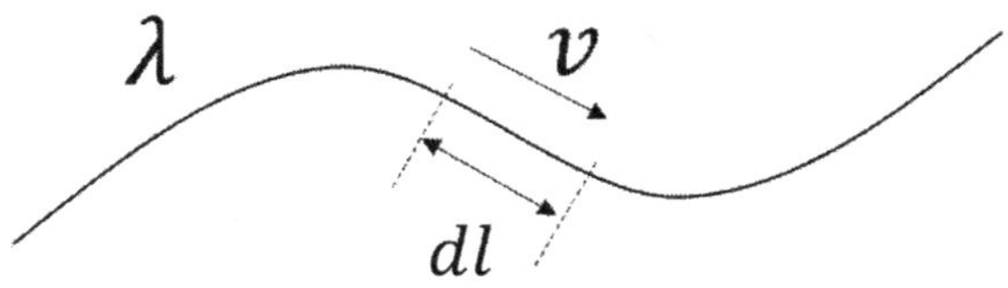

〈그림 7-5〉

dl이 받는 자기력은 $dq = \lambda dl$이므로 $dF_B = dq\vec{v}\times\vec{B} = \lambda dl\vec{v}\times\vec{B}$이 되고 도선 전체에 대해서는

$$F_B = \int \lambda dl \vec{v} \times \vec{B} \cdots\cdots\cdots\cdots \langle 식\ 7\text{-}4 \rangle$$

가 된다. <그림 6-12>에서 $\vec{I} = \lambda \vec{v}$이므로 이를 <식 7-4>에 적용하면

$$F_B = \int \lambda dl \vec{v} \times \vec{B} = \int dl \vec{I} \times \vec{B} = I \int d\vec{l} \times \vec{B} \cdots\cdots\cdots\cdots \langle 식\ 7\text{-}5 \rangle$$

가 된다.

1. 사이클로트론 운동

<그림 7-6>처럼 자기장 영역에서 운동하는 입자를 생각해보자.

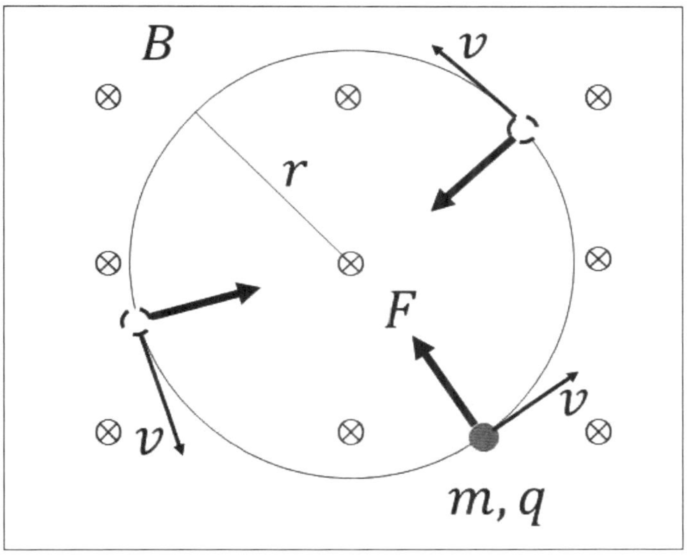

<그림 7-6>

자기장과 수직하게 움직이는 입자는 자기력 F를 받고 <식 7-2>에 의해 $F = q\vec{v} \times \vec{B} = |q||v|B\sin\frac{\pi}{2} = qvB$이고 v에 수직하다. v에 수직하게 힘을 계속 받으면 입자는 원운동을 한다.

운동방정식 $F=ma$를 적용하고 $F=qvB$, 구심가속도 $\frac{v^2}{r}$을 사용하면

$$F=ma \Rightarrow qvB=m\frac{v^2}{r} \quad \cdots\cdots\cdots\cdots \langle 식\ 7\text{-}6 \rangle$$

이 된다. <식 7-6>에서 반지름 r을 구하면

$$r=\frac{mv}{qB} \quad \cdots\cdots\cdots\cdots \langle 식\ 7\text{-}7 \rangle$$

이 된다. 입자가 한번 원운동 하는 데 걸린 시간 주기 T는

$$T=\frac{2\pi r}{v}=\frac{2\pi}{v}\frac{mv}{qB}=\frac{2\pi m}{qB}$$

이고 진동수 f는 $f=\frac{1}{T}$이므로

$$f=\frac{1}{T}=\frac{qB}{2\pi m} \quad \cdots\cdots\cdots\cdots \langle 식\ 7\text{-}8 \rangle$$

이 된다. 이 진동수를 사이클로트론 진동수라고 한다.

2. 평행한 두 직선 도선 사이에 작용하는 힘

<그림 7-7>처럼 평행한 두 도선 사이에 작용하는 힘을 구해보자.

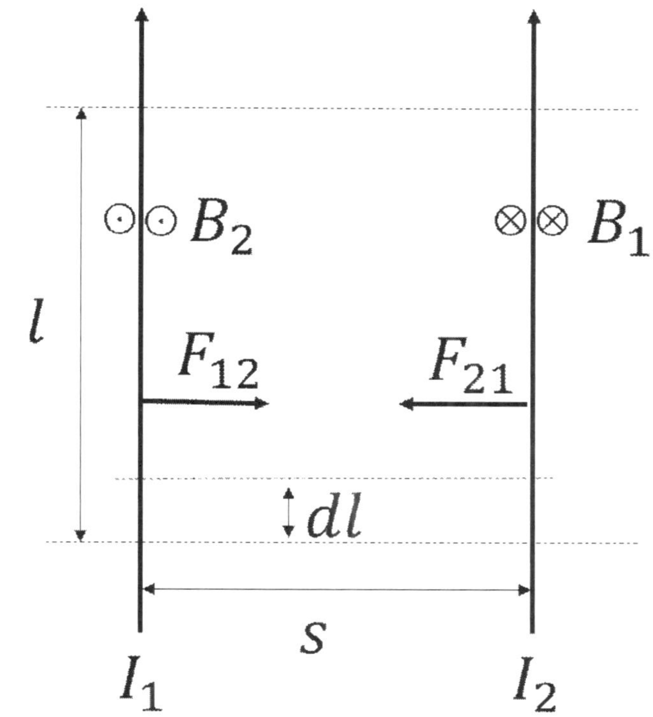

<그림 7-7>

전류 I_1이 I_2지역에 형성하는 자기장 B_1은 <식 6-6>을 사용하면 $B_1 = \frac{\mu_0 I_1}{2\pi s}$이고 I_2에서길이 l이 받는 자기력 F_{21}은 <식 7-5>을 사용하면

$$F_{21} = I_2 \int \vec{dl} \times \overrightarrow{B_1} \quad \cdots\cdots\cdots\cdots \langle 식\ 7\text{-}9 \rangle$$

이 된다. $\int \vec{dl} = l$이므로

$$F_{21} = I_2 l \frac{\mu_0 I_1}{2\pi s} = \frac{\mu_0 I_2 I_1}{2\pi s} l \quad \cdots\cdots\cdots\cdots \langle 식\ 7\text{-}10 \rangle$$

이다.

전류 I_2이 I_1지역에 형성하는 자기장 B_2은 <식 6-6>을 사용하면 $B_2 = \frac{\mu_0 I_2}{2\pi s}$이고 I_1에서길이 l이 받는 자기력 F_{12}은 <식 7-5>을 사용하면

$$F_{12} = I_1 \int \vec{dl} \times \overrightarrow{B_2} \quad \cdots\cdots\cdots\cdots \langle 식\ 7\text{-}11 \rangle$$

가 된다. $\int d\vec{l} = l$이므로

$$F_{12} = I_1 l \frac{\mu_0 I_2}{2\pi s} = \frac{\mu_0 I_1 I_2}{2\pi s} l \quad \cdots\cdots\cdots\cdots \langle 식\ 7\text{-}12 \rangle$$

이다. <식 7-12>와 <식 7-10>은 크기는 같고 방향만 반대이다.

3. 직선 도선으로부터 떨어져 있는 사각형 도선이 받는 힘

<그림 7-8>처럼 한 변의 길이가 a인 정사각형 도선이 받는 힘을 구해보자.

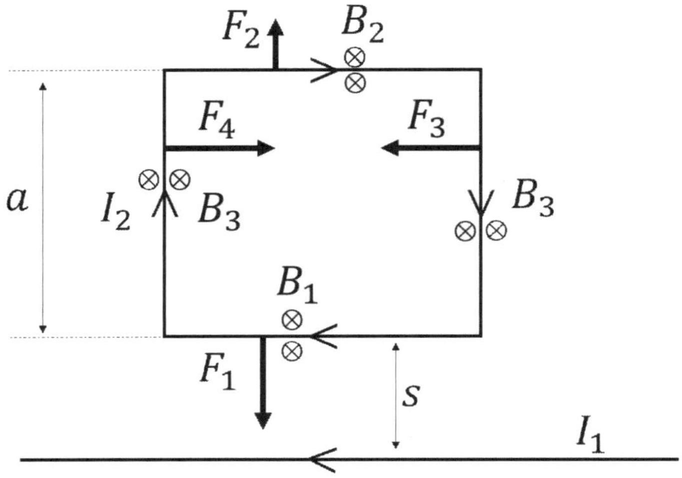

<그림 7-8>

전류 I_1이 정사각형 아랫변에 형성하는 자기장 B_1은 <식 6-6>을 사용하면 $B_1 = \frac{\mu_0 I_1}{2\pi s}$이고 길이 a가 받는 자기력 F_1은 <식 7-5>을 사용하면

$$F_1 = I_2 \int d\vec{l} \times \overrightarrow{B_1} \quad \cdots\cdots\cdots\cdots \langle 식\ 7\text{-}13 \rangle$$

이 된다. $\int d\vec{l} = a$이므로

$$F_1 = I_2 a \frac{\mu_0 I_1}{2\pi s} = \frac{\mu_0 I_2 I_1}{2\pi s} a \quad \cdots\cdots\cdots\cdots \langle 식\ 7\text{-}14 \rangle$$

이다.

전류 I_1이 정사각형 윗변에 형성하는 자기장 B_2은 <식 6-6>을 사용하면 $B_2 = \frac{\mu_0 I_1}{2\pi(s+a)}$이고 길이 a가 받는 자기력 F_2은 <식 7-5>를 사용하면

$$F_2 = I_2 \int \vec{dl} \times \overrightarrow{B_2} \quad \cdots\cdots\cdots\cdots \text{<식 7-15>}$$

가 된다. $\int \vec{dl} = a$이고 방향을 고려하면

$$F_2 = -I_2 a \frac{\mu_0 I_1}{2\pi(s+a)} = -\frac{\mu_0 I_2 I_1}{2\pi(s+a)} a \quad \cdots\cdots\cdots\cdots \text{<식 7-16>}$$

이다.

정사각형 양쪽 변에 작용하는 힘들은 서로 상쇄되어 정사각형 도선이 받는 힘은 <식 7-14>와 <식 7-16>을 더하면 된다.

$$F = F_1 + F_2 = \frac{\mu_0 I_2 I_1}{2\pi s} a - \frac{\mu_0 I_2 I_1}{2\pi(s+a)} a = \frac{\mu_0 I_2 I_1}{2\pi} \frac{a^2}{s(s+a)} \quad \cdots\cdots\cdots\cdots \text{<식 7-17>}$$

이 된다. 힘은 아래 방향이다.

8. 자기 쌍극자

<그림 8-1>처럼 자기장 영역 속에 놓여 있는 전류I가 흐르는 직사각형 도선을 생각해보자.

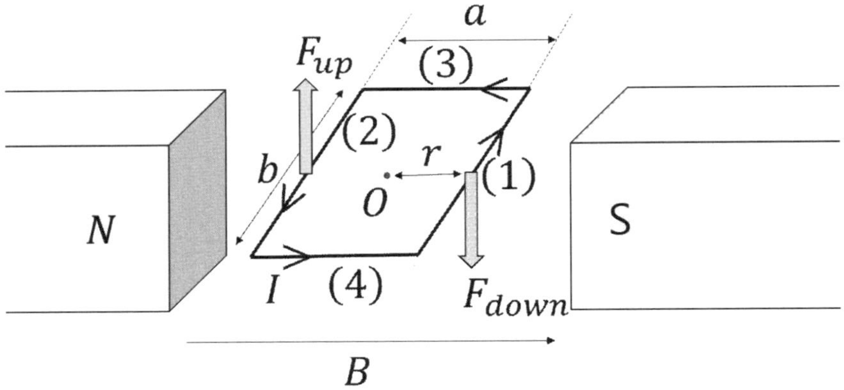

<그림 8-1>

자기장 속에서 전류가 흐르는 도선은 <식 7-5>처럼 $F=I\int \vec{dl}\times\vec{B}$의 힘을 받는다. <그림 8-1>에서 (3)번과 (4)도선은 각각 $\vec{dl}\times\vec{B}=dl\,B\sin\pi=0$, $\vec{dl}\times\vec{B}=dl\,B\sin0^\circ=0$이 되어 $F=0$이 된다. (1)번과 (2)도선은 각각 $F_{down}=IBb$, $F_{up}=IBb$가 되어 사각형 도선은 회전을 하게 된다.

사각형의 중심 O에 대한 회전력($\vec{\tau}$)을 구해보면 $\vec{\tau}=\vec{r}\times\vec{F}=|r||F|\sin\theta$이고 $r=\frac{a}{2}$이므로

(1)번 도선의 회전력 $\vec{\tau_1}$은 $\tau_1=rF_{down}\sin\frac{\pi}{2}=\frac{a}{2}IBb$,

(2)번 도선의 회전력 $\vec{\tau_2}$은 $\tau_2=rF_{up}\sin\frac{\pi}{2}=\frac{a}{2}IBb$가 되고 회전 방향은 같으므로

$$\vec{\tau}=\vec{\tau_1}+\vec{\tau_2}=2\frac{a}{2}IBb=BIab \quad \cdots\cdots\cdots\cdots \text{<식 8-1>}$$

이 된다. ab는 사각형의 면적 $\vec{A}$이므로 $\vec{\tau}=B\vec{IA}$가 된다. 이때 $\vec{IA}$는 자기 쌍극자 모멘트가 되고 기호를 $\vec{m}$으로 사용하면

$$\vec{m}=\vec{IA} \quad \cdots\cdots\cdots\cdots \text{<식 8-2>}$$

가 된다.

$\vec{m}$의 방향은 <그림 8-2>처럼 오른손 규칙으로 전류의 방향으로 손가락을 감아쥘 때 엄지 손가락을 세운 방향이 된다.

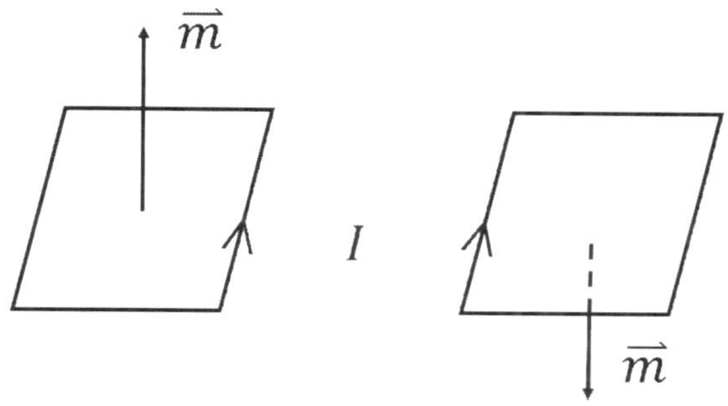

<그림 8-2>

<그림 8-1>의 사각형 도선은 $\overrightarrow{m}$이 자기장 영역 속에서 회전하는 것과 같으므로 자기장 영역 속의 자기 쌍극자 모멘트의 회전력을 다시 표현하면

$$\vec{\tau} = \overrightarrow{m} \times \overrightarrow{B} = |m||B|\sin\theta \quad \cdots\cdots\cdots\cdots \text{<식 8-3>}$$

가 된다.

1. 자기 쌍극자 모멘트에 의한 자기장

자기 쌍극자 모멘트도 전류가 흐르므로 주위 공간에 자기장을 형성한다. <그림 8-3>처럼 $\overrightarrow{m}$을 원점에 두고 m의 방향을 $\hat{z}$으로 둘 경우를 생각해보자.

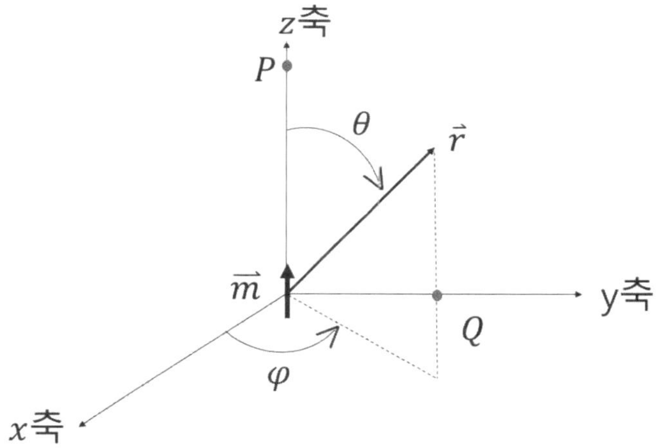

<그림 8-3>

m이 형성하는 자기장은 유도하지는 않겠지만 다음과 같다.

$$\overrightarrow{B_{dipole}} = \frac{\mu_0}{4\pi}\frac{m}{r^3}(2\cos\theta\hat{r} + \sin\theta\hat{\theta}) \quad \cdots\cdots\cdots\cdots \text{<식 8-4>}$$

〈그림 8-3〉의 P점의 자기장은 $\theta=0$, $\hat{r}=\hat{z}$이므로 $\vec{B}=\frac{\mu_0}{4\pi}\frac{m}{r^3}(2\hat{z})$, Q점의 자기장은 $\theta=\frac{\pi}{2}$, $\hat{\theta}=-\hat{z}$이므로 $\vec{B}=\frac{\mu_0}{4\pi}\frac{m}{r^3}(-\hat{z})$이 된다.

2. 원자의 자기 쌍극자 모멘트

〈그림 8-4〉처럼 전자가 원자핵 주위로 궤도 운동을 하고 있다고 생각해보자.

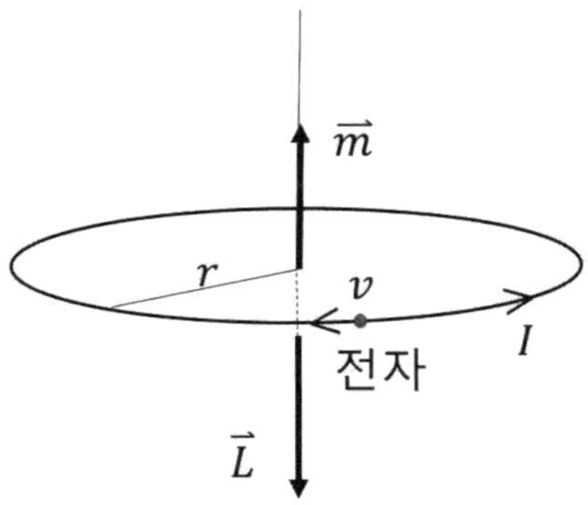

〈그림 8-4〉

〈그림 8-4〉에서 질량이 m, 전하량이 $-e$인 전자가 v로 궤도 운동을 하고 있을 때 전류 I는 $I=\frac{dQ}{dt}$에서 전자가 한 바퀴 도는 데 걸린 시간 T를 $T=dt$라고 두면 $e=dQ$이므로 $I=\frac{e}{T}$이고 $T=\frac{2\pi r}{v}$이므로

$$I=\frac{e}{T}=\frac{ev}{2\pi r}$$

가 된다.

〈식 8-2〉을 사용하여 원자의 자기 쌍극자 모멘트를 구하면 $\vec{m}=I\vec{A}$에 I와 $A=\pi r^2$을 사용하면

$$\vec{m}=I\vec{A}=\frac{ev}{2\pi r}\pi r^2=\frac{evr}{2} \quad \cdots\cdots\cdots\cdots〈식\ 8\text{-}5〉$$

이 된다. 각운동량 $L=mvr$을 사용하면

$$\vec{m}=-\frac{e}{2m}\vec{L}$$

이 된다.

3. 회전하는 원반의 자기 쌍극자 모멘트

<그림 8-5>처럼 회전하는 원반의 자기 쌍극자 모멘트는 어떻게 될까.

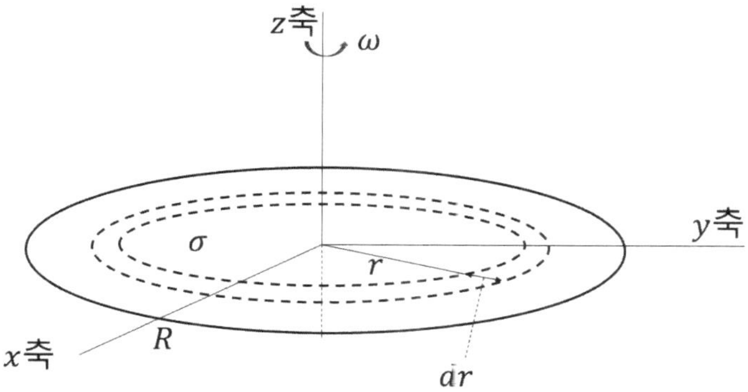

<그림 8-5>

먼저 <그림 8-5>에서 반지름 r인 고리 1개의 자기 쌍극자 모멘트는 <식 8-2>를 사용하면 $\vec{m}=IA\hat{z}$ 이고 dr두께의 고리를 생각하면I는 $I=\sigma v dr$(6장.7)로 되고, $v=r\omega$를 고려하면 dr두께의 고리의 dm은 다음과 같다.

$$dm=\sigma v dr \pi r^2=\sigma r\omega dr\pi r^2=\sigma\omega\pi r^3 dr \quad \cdots\cdots\cdots\cdots \langle 식\ 8\text{-}6\rangle$$

이 된다. r은 0에서 R까지 변하므로

$$m=\int dm=\int_0^R \sigma\omega\pi r^3 dr=\frac{\sigma\omega\pi R^4}{4} \quad \cdots\cdots\cdots\cdots \langle 식\ 8\text{-}7\rangle$$

이 된다.

4. 회전하는 공 껍질의 자기 쌍극자 모멘트

<그림 8-6>처럼 회전하는 원반의 자기 쌍극자 모멘트는 어떻게 될까.

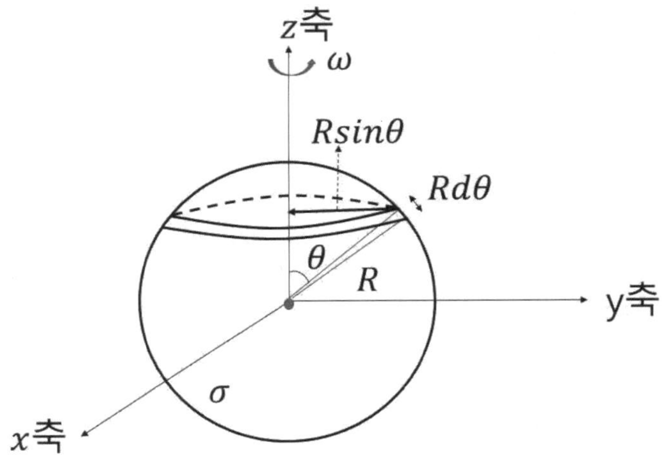

<그림 8-6>

먼저 <그림 8-6>에서 반지름 R인 고리 1개의 자기 쌍극자 모멘트는 <식 8-2>를 사용하면

$$\vec{m} = IA\hat{z} \Rightarrow m = I\pi(R\sin\theta)^2$$

이고 $Rd\theta$두께의 고리를 생각하면I는 $I = \sigma v R d\theta$로 되고, $v = R\sin\theta\omega$를 고려하면 $Rd\theta$두께의 고리의 dm은 다음과 같다.

$$dm = \sigma v R d\theta \pi (R\sin\theta)^2 = \sigma(R\sin\theta\omega)Rd\theta\pi(R\sin\theta)^2 = \sigma R^4 \omega\pi \sin^3\theta d\theta \quad \cdots\cdots\cdots\cdots \text{<식 8-8>}$$

이 된다. θ는 0에서 π까지 변하므로

$$m = \int dm = \int_0^{\pi} \sigma R^4 \omega\pi \sin^3\theta d\theta$$

가 되고 $\int_0^{\pi} \sin^3\theta d\theta = \frac{4}{3}$를 사용하면

$$\vec{m} = \int_0^{\pi} \sigma R^4 \omega\pi \sin^3\theta d\theta = \frac{4\pi}{3}\sigma R^4 \omega \hat{z} \quad \cdots\cdots\cdots\cdots \text{<식 8-9>}$$

이 된다.

5. 자기 쌍극자와 전류에 의한 자기장 비교

가. 원형 도선과 자기 쌍극자에 의한 자기장 비교

<식 6-8>은 원형 전류에 의한 중심에서 z만큼 떨어진 곳의 자기장을 나타낸다.

$$B_z = \frac{\mu_0 I}{4\pi}\frac{R}{(R^2+z^2)^{\frac{3}{2}}}2\pi R = \frac{\mu_0 I}{2}\frac{R^2}{(R^2+z^2)^{\frac{3}{2}}} \quad \cdots\cdots\cdots\cdots \langle 식\ 6\text{-}8\rangle$$

<식 6-8>에서 $z \gg R$인 경우를 생각해보면 식은

$$B_z = B = \frac{\mu_0 I}{2}\frac{R^2}{(R^2+z^2)^{\frac{3}{2}}} = \frac{\mu_0 I}{2}\frac{R^2}{z^3\left(1+\frac{R^2}{z^2}\right)^{\frac{3}{2}}} \quad \cdots\cdots\cdots\cdots \langle 식\ 8\text{-}10\rangle$$

로 표현할 수 있고 $\left(1+\frac{R^2}{z^2}\right)^{\frac{3}{2}} \approx 1$이므로

$$B_z = B \approx \frac{\mu_0 I}{2}\frac{R^2}{z^3} \quad \cdots\cdots\cdots\cdots \langle 식\ 8\text{-}11\rangle$$

이 된다.

반지름 R인 고리에 전류가 흐를 때 자기 쌍극자 모멘트는 <그림 8-7>처럼 표현할 수 있다.

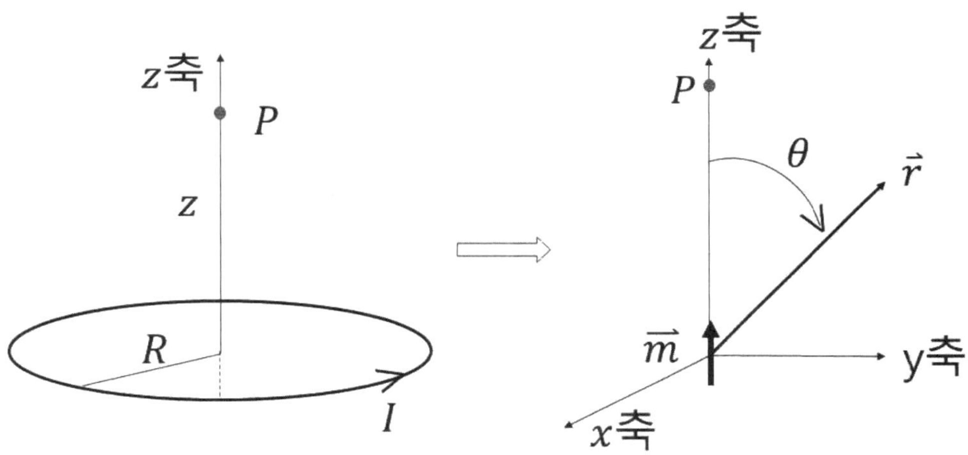

<그림 8-7>

$\vec{m} = IA\hat{z} \Rightarrow m = I\pi R^2$이고 <식 8-4>를 사용하면 P점의 자기장은 $\theta = 0$, $\hat{r} = \hat{z}$, $r = z$이므로

$$\vec{B} = \frac{\mu_0}{4\pi}\frac{m}{r^3}(2\hat{z}) = \frac{\mu_0}{4\pi}\frac{I\pi R^2}{z^3}(2\hat{z}) = \frac{\mu_0 I}{2}\frac{R^2}{z^3}\hat{z} \quad \cdots\cdots\cdots\cdots \langle 식\ 8\text{-}12\rangle$$

이 된다. <식 8-12>와 <식 8-11>은 같은 식이다.

나. 사각형 도선과 자기 쌍극자에 의한 자기장 비교

유도하지는 않겠지만 <식 8-13>은 <그림 8-8>의 사각형 전류의 중심에서 z만큼 떨어진 곳의 자기장을 나타낸다.

$$B_z = B = \frac{\mu_0 I}{2\pi} \frac{a^2}{\left(z^2 + \frac{a^2}{4}\right)\sqrt{z^2 + \frac{a^2}{2}}} \quad \cdots\cdots\cdots\cdots \text{<식 8-13>}$$

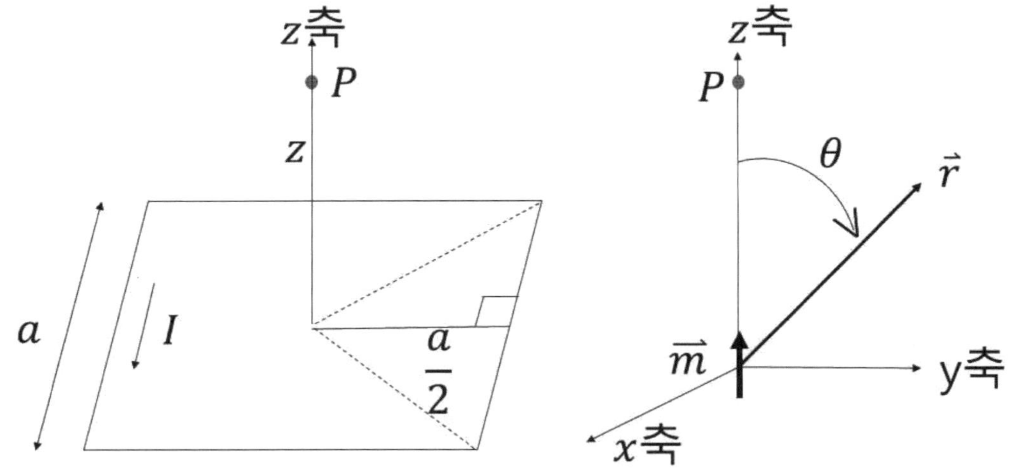

<그림 8-8>

<식 8-13>에서 $z \gg a$인 경우를 생각해보면 식은 $\left(z^2 + \frac{a^2}{4}\right) \approx z^2$, $\sqrt{z^2 + \frac{a^2}{2}} \approx z$이므로

$$B_z = B \approx \frac{\mu_0 I}{2\pi} \frac{a^2}{z^3} \quad \cdots\cdots\cdots\cdots \text{<식 8-14>}$$

이 된다.

한 변의 길이가 a인 사각형 전류가 흐를 때 자기 쌍극자 모멘트는 <그림 8-8>처럼 표현할 수 있다.

$\vec{m} = IA\hat{z} \Rightarrow m = Ia^2$이고 <식 8-4>를 사용하면 P점의 자기장은 $\theta = 0$, $\hat{r} = \hat{z}$, $r = z$이므로

$$\vec{B} = \frac{\mu_0}{4\pi} \frac{m}{r^3}(2\hat{z}) = \frac{\mu_0}{4\pi} \frac{Ia^2}{z^3}(2\hat{z}) = \frac{\mu_0 I}{2\pi} \frac{a^2}{z^3}\hat{z} \quad \cdots\cdots\cdots\cdots \text{<식 8-15>}$$

이 된다. <식 8-14>와 <식 8-15>는 같은 식이다.

9. 전자기 유도

코일 주변에 자석을 운동시키거나 자석 주변에 코일을 운동시킬 때 코일에 전류가 발생하는 현상을 전자기 유도라고 하며 코일과 자석의 상대 운동으로 코일 양단에 기전력이 생성된다. 이 기전력을 유도기전력이라고 하고 이때 흐르는 전류를 유도 전류라고 한다. 코일에 생기는 유도 전류는 코일을 통과하는 자기력선의 변화를 방해하는 방향으로 생기며 패러데이는 이를 정리하여 유도기전력은 단위 시간당 코일 단면을 통과하는 자기력선속(자속=Φ)의 변화량과 코일의 감은 횟수에 비례한다고 하였다. 이를 '패러데이 법칙'이라고 한다.

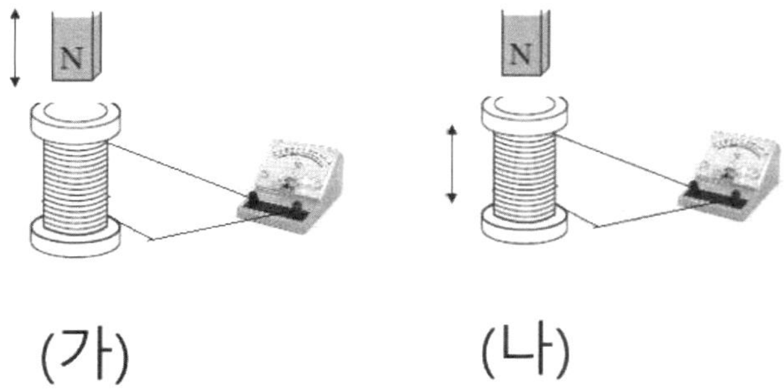

<그림 9-1>

<그림 9-1>의 (가)처럼 N회 감은 코일에 자석을 움직이거나, (나)처럼 전자석을 움직이게 하면 시간 Δt동안 코일 내부를 통과하는 자속이 $\Delta\Phi$만큼 변화했다면 코일 양단에 유도되는 기전력(V)은

$$V=-\lim_{\Delta t\to 0} N\frac{\Delta\Phi}{\Delta t}=-N\frac{d\Phi}{dt} \quad \cdots\cdots\cdots\cdots \langle 식\ 9\text{-}1\rangle$$

가 된다. 자기장이 균일할 때 <식 9-1>의 Φ는 $\Phi=\vec{B}\cdot\vec{A}=|B||A|\cos\theta$로 정의되고 <그림 9-2>의 (가), (나)에서 각각

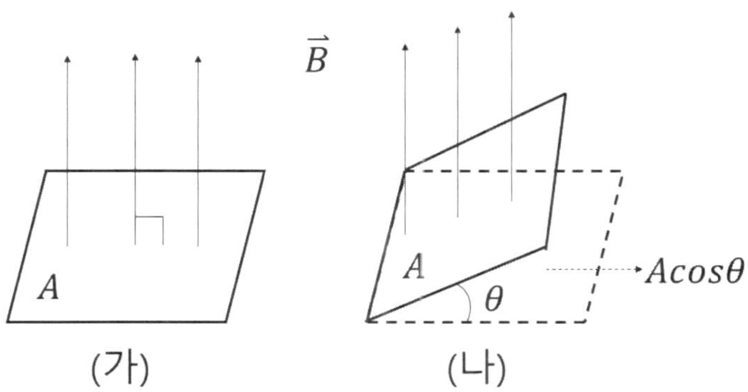

<그림 9-2>

$$\Phi = BA,\ \Phi = BA\cos\theta$$

가 된다. 여기서 A는 자기장에 수직한 회로(또는 코일)의 단면적이다.

유도기전력에 붙은 '-' 부호는 유도기전력이 자속의 변화를 방해하는 방향으로 나타남을 의미한다. 즉, 자석을 코일에 가까이하면 유도 전류에 의한 자기장이 생겨서 자석의 운동을 방해한다.

이번에는 맥스웰 방정식으로부터 유도기전력을 유도해보자. 방정식은 다음과 같다.

$$\vec{\nabla}\times\vec{E} = -\frac{d\vec{B}}{dt} \cdots\cdots\cdots\cdots \langle 식\ 9\text{-}2\rangle$$

이다. $\vec{E}$는 전기장을 $\vec{B}$는 자기장을 나타낸 것으로 여기서는 $\vec{B}$는 시간에 대한 함수이다. $\vec{B}$가 시간과 공간에 대한 함수일 경우는 $\frac{d}{dt}$가 $\frac{\partial}{\partial t}$로 바뀌어야 한다. 방정식의 의미는 시간에 대한 자기장의 변화가 전기장을 유도한다는 의미로 <식 9-2>가 패러데이 법칙을 나타낸다. <식 9-2>의 양변에 면적 적분을 취하면

$$\int(\vec{\nabla}\times\vec{E})\cdot d\vec{a} = -\int\frac{d\vec{B}}{dt}\cdot d\vec{a} \cdots\cdots\cdots\cdots \langle 식\ 9\text{-}3\rangle$$

이 된다. 스토크스 정리$\left[\int(\vec{\nabla}\times\vec{E})\cdot d\vec{a} = \int\vec{E}\cdot d\vec{l}\right]$, <식 3-1>을 적용하면 $\int\vec{B}\cdot d\vec{a} = \Phi_B$가 되므로

$$V = \int\vec{E}\cdot d\vec{l} = \int\vec{f}\cdot d\vec{l} = -\frac{d}{dt}\int\vec{B}\cdot d\vec{a} = -\frac{d}{dt}\Phi_B \cdots\cdots\cdots\cdots \langle 식\ 9\text{-}4\rangle$$

가 된다. <식 9-4>의 좌변 항은 전기장을 선 적분한 것으로 단위 전하가 받는 힘(f)을 적분한 것과 같고 이것이 유도기전력 V이다. 그러므로

$$V = -\frac{d\Phi_B}{dt} \cdots\cdots\cdots\cdots \langle 식\ 9\text{-}5\rangle$$

가 성립한다. <식 9-1>과 같은 식이다.

1. 균일한 자기장 속에서 면적 A가 변하는 경우

먼저 <그림 9-3>처럼 자기장 B가 일정하고 면적 A가 변하는 경우, 기전력은 어떻게 표현될까?

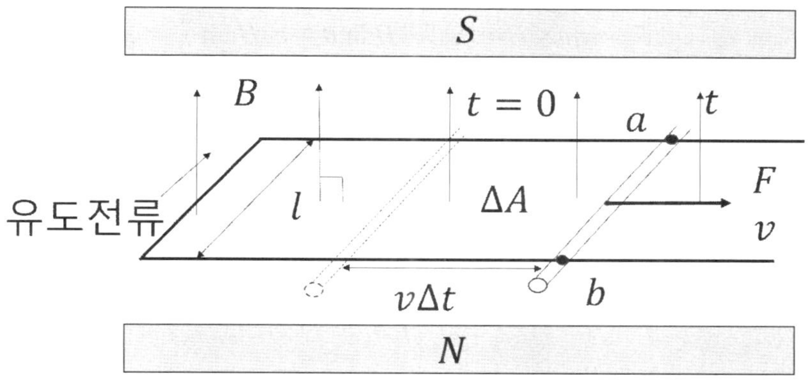

<그림 9-3>

<그림 9-3>과 같이 균일한 자기장(B)에 수직하게 저항이 없는 ㄷ자형 도선을 놓고 길이 l인 구리 막대 ab를 일정한 속력(v)으로 끌어당기고 있을 때 자속의 증가를 감소시키려는 방향으로 유도기전력이 형성되고 유도기전력(V)의 크기는 <식 9-1>에 의해

$$V=-\frac{d\Phi}{dt}=-\frac{d(BA)}{dt}=-\left(B\frac{dA}{dt}+A\frac{dB}{dt}\right) \cdots\cdots\cdots\cdots \langle 식\ 9\text{-}6\rangle$$

가 된다. <식 9-6>에서 자기장 B가 시간에 따라 변하지 않으므로 $\frac{dB}{dt}=0$이므로 식은

$$V=-B\frac{dA}{dt} \cdots\cdots\cdots\cdots \langle 식\ 9\text{-}7\rangle$$

가 되고, 이 식에 $dA=lvdt$를 대입하면

$$V=-Blv \cdots\cdots\cdots\cdots \langle 식\ 9\text{-}8\rangle$$

가 된다. 즉 유도된 기전력은 막대를 당기는 속력 v에 비례한다.

한편 구리 막대에는 전류가 흐르므로 막대에는 왼쪽 방향으로 자기력(BIl)이 작용하게 된다. 오른쪽으로 일정한 속력으로 당기기 위해서는 그에 해당하는 힘을 오른쪽으로 주어야 한다. 그 힘의 크기는 BIl이다.

<그림 9-3>에 <식 9-4>를 적용해 보자. ㄷ자형 도선에서 <식 7-2>와 같이 자기력을 받는 전하는 운동하고 있는 구리 막대 a와 b에 존재하는 전하들이다. 이때 전하 q가 받는 힘은

$$F_B = q\vec{v}\times\vec{B} = |q||v|B\sin\theta = qvB\sin\frac{\pi}{2} = qvB$$

이고 단위 전하가 받는 힘의 크기 즉 유도된 전기장 E는 $E = vB$이고 방향은 막대 방향과 같으므로

$V = \int \vec{E}\cdot d\vec{l} = \int vBdl$이 되고 적분 구간은 a에서 b까지 이므로

$$V = \int \vec{E}\cdot d\vec{l} = \int_a^b vBdl = vB(b-a) = vBl \quad \cdots\cdots\cdots\cdots \text{<식 9-9>}$$

이다. <식 9-8>과 같은 식이다.

2. 균일한 자기장 속에서 도선이 움직일 경우

<그림 9-4>처럼 균일한 자기장 B영역 속에서 저항이 R인 도선이 움직일 경우를 생각해보자

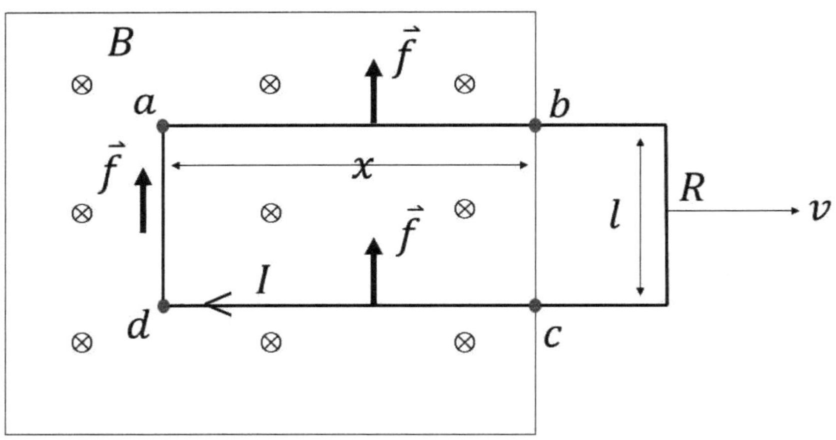

<그림 9-4>

직사각형 도선을 오른쪽으로 속력 v로 움직일 경우 유도기전력 V는 <식 9-6>을 사용하면 $V = -\frac{d\Phi}{dt} = -\left[B\frac{dA}{dt} + A\frac{dB}{dt}\right]$에서 자기장 B가 균일하므로 $\frac{dB}{dt} = 0$이므로 식은

$$V = -B\frac{dA}{dt} \quad \cdots\cdots\cdots\cdots \langle \text{식 } 9\text{-}10 \rangle$$

가 된다. $A = lx$를 <식 9-10>에 대입하면

$$V = -B\frac{d(lx)}{dt} = -B\left(l\frac{dx}{dt} + x\frac{dl}{dt}\right)$$

가 되고 $\frac{dx}{dt} = v, \frac{dl}{dt} = 0$이므로

$$V = -Blv \quad \cdots\cdots\cdots\cdots \langle \text{식 } 9\text{-}11 \rangle$$

가 된다.

<식 9-4>를 적용하여 유도기전력 V를 구해보자. 자기장 속에서 도선 속의 전하들이 움직이므로 전하들은 $F_B = q\vec{v} \times \vec{B}$의 힘을 받는다. $\overline{ab}$도선과 $\overline{cd}$도선 속의 전하들은 도선과 직각 방향으로 힘 f를 받으므로 이들은 유도기전력을 만들지 못하고 $\overline{ad}$도선 속의 전하들은 도선과 나란한 방향으로 힘 f를 받으므로 유도기전력을 형성한다. 단위 전하가 받는 힘f는 $f = vB$이므로 $V = \int \vec{f} \cdot d\vec{l} = \int vBdl$이 되고 적분 구간은 d에서 a까지 이므로

$$V = \int \vec{E} \cdot d\vec{l} = \int_d^a vBdl = vB(a-d) = Blv \quad \cdots\cdots\cdots\cdots \langle \text{식 } 9\text{-}12 \rangle$$

이다. <식 9-11>과 같은 식이다.

비슷한 예를 한 가지 더 살펴보자.

<그림 9-5>처럼 저항이 R, 질량이 m, 가로 a, 세로 b인 직사각형의 도선이 균일한 자기장 B로부터 연직 방향으로 높이 h인 곳에서 자유 낙하할 경우를 생각해보자.

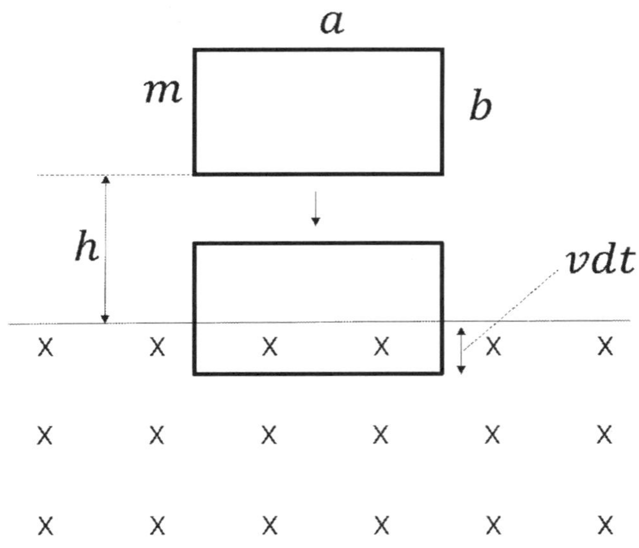

<그림 9-5>

자기장 속으로 들어가기 전에 도선은 자유낙하 운동을 한다. 처음 자기장 영역으로 들어갈 때 도선의 속력은 역학적 에너지 보존 법칙을 사용하면 $v=\sqrt{2gh}$이고 도선이 자기장의 영역으로 들어가면서 도선 내부를 통과하는 자속의 변화가 생기므로 유도기전력은 다음과 같다.

$$V=-N\frac{d\Phi}{dt}$$

이고, 여기서 $N=1$이고 자기장 영역에 들어간 순간부터 dt동안 $d\Phi=Bavdt$이므로

$$V=-\frac{d\Phi}{dt}=-\frac{Bavdt}{dt}=-Bva \quad \cdots\cdots\cdots\cdots \text{<식 9-13>}$$

이다.$v=\sqrt{2gh}$를 대입하면

$$V=-Ba\sqrt{2gh} \quad \cdots\cdots\cdots\cdots \text{<식 9-14>}$$

가 된다.

3. 유도 전기장 구하기

<그림 9-6>처럼 일정 영역 안에 자기장이 시간에 따라 변할 경우 둥근 고리에 형성되는 전기장

을 구해보자

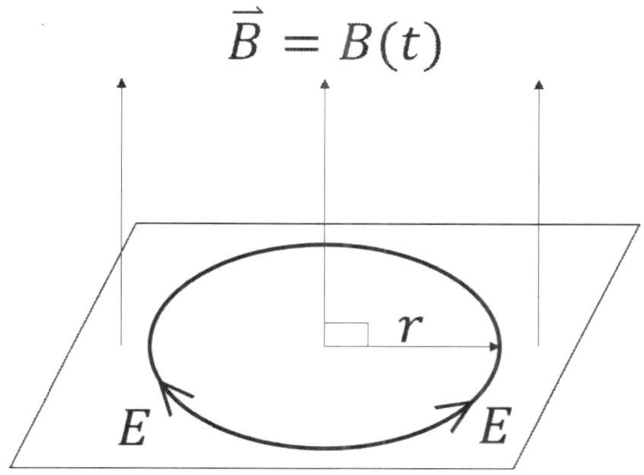

<그림 9-6>

<식 9-4>를 사용하면 $V=\int \vec{E}\cdot d\vec{l}=-\frac{d\Phi_B}{dt}$이고 E는 원둘레 방향이므로 $\int \vec{E}\cdot d\vec{l}$은 $E\int dl$이고,

Φ_B는 $\Phi_B = B(t)A = B(t)\pi r^2$이므로

$$\int \vec{E}\cdot d\vec{l}=-\frac{d\Phi_B}{dt} \Rightarrow E\int dl=-\frac{d}{dt}(B(t)\pi r^2) \quad \cdots\cdots\cdots\cdots <식\ 9\text{-}15>$$

이 된다. $\int dl = 2\pi r$이므로

$$E\int dl=-\frac{d}{dt}(B(t)\pi r^2) \Rightarrow E2\pi r=-\pi r^2\frac{dB(t)}{dt}$$

가 된다. 식을 정리하면

$$E=-\frac{r}{2}\frac{dB(t)}{dt} \quad \cdots\cdots\cdots\cdots <식\ 9\text{-}16>$$

이다. $\frac{dB(t)}{dt}$의 부호에 따라 <그림 9-6>처럼 E의 방향이 결정된다.

<그림 9-7>처럼 긴 솔레노이드 안과 밖에서의 유도된 전기장을 구해보자

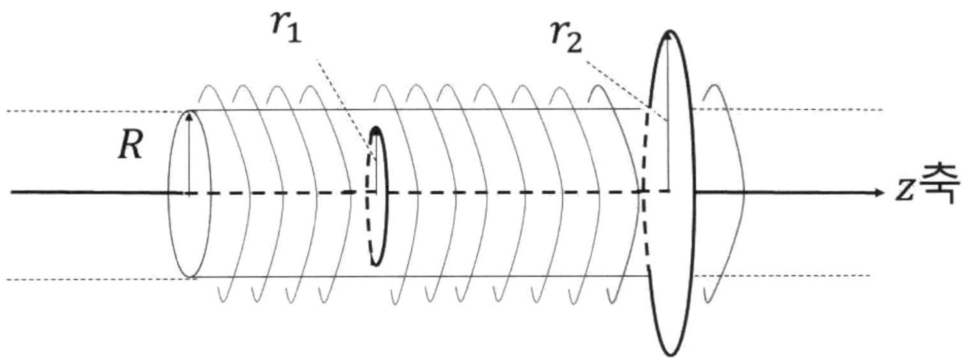

<그림 9-7>

단위 길이당 n번 감긴 긴 솔레노이드 밖($r_2 > R$)에서의 자기장 B_{out} 과 안($r_1 < R$)에서의 자기장 B_{in}은 각각 <식 6-21>에 의해 $B_{in} = \mu_0 nI(t)$, $B_{out} = 0$이고 방향은 $\hat{z}$이다.

반지름 r_1인 고리에 <식 9-4>를 사용하면 $V = \int \vec{E} \cdot d\vec{l} = -\frac{d\Phi_{in}}{dt}$이고 E는 원둘레 방향이므로 $\int \vec{E} \cdot d\vec{l}$은 $E\int dl$이고, Φ_{in}는 $\Phi_{in} = B_{in}A = B_{in}\pi r_1^2$이므로

$$\int \vec{E} \cdot d\vec{l} = -\frac{d\Phi_{in}}{dt} \Rightarrow E\int dl = -\frac{d}{dt}\left(B_{in}\pi r_1^2\right) \cdots\cdots\cdots\cdots \text{<식 9-17>}$$

이 된다. $B_{in} = \mu_0 nI(t)$, $\int dl = 2\pi r_1$이므로

$$E\int dl = -\frac{d}{dt}\left(B_{in}\pi r^2\right) \Rightarrow E2\pi r_1 = -\pi r_1^2 \frac{d(\mu_0 nI(t))}{dt}$$

가 된다. 식을 정리하면

$$E = -\frac{\mu_0 n r_1}{2}\frac{dI(t)}{dt} \cdots\cdots\cdots\cdots \text{<식 9-18>}$$

이다. $\frac{dI(t)}{dt}$의 부호에 따라 E의 방향이 결정된다.

반지름 r_2인 고리에 <식 9-4>를 사용하면 $V = \int \vec{E} \cdot d\vec{l} = -\frac{d\Phi_{out}}{dt}$이고 E는 원둘레 방향이므로

$\int \vec{E} \cdot d\vec{l}$은 $E\int dl$이고, Φ_{out}는 $\Phi_{out} = B_{in}A = B_{in}\pi R^2$이므로

$$\int \vec{E} \cdot d\vec{l} = -\frac{d\Phi_{out}}{dt} \Rightarrow E\int dl = -\frac{d}{dt}\left(B_{in}\pi R^2\right) \quad \cdots\cdots\cdots\cdots \langle 식\ 9\text{-}19 \rangle$$

이 된다. $B_{in} = \mu_0 nI(t)$, $\int dl = 2\pi r_2$이므로

$$E\int dl = -\frac{d}{dt}\left(B_{in}\pi R^2\right) \Rightarrow E2\pi r_2 = -\pi R^2 \frac{d(\mu_0 nI(t))}{dt}$$

가 된다. 식을 정리하면

$$E = -\frac{\mu_0 nR^2}{2r_2}\frac{dI(t)}{dt} \quad \cdots\cdots\cdots\cdots \langle 식\ 9\text{-}20 \rangle$$

이다. $\frac{dI(t)}{dt}$의 부호에 따라 E의 방향이 결정된다.

4. 자기장과 면적이 함께 변하는 경우

<그림 9-8>처럼 직선 도선에 일정한 전류 I가 흐르고 있고, 그 주변에 저항이 없는 ㄷ자 모양의 도선이 놓여 있다.

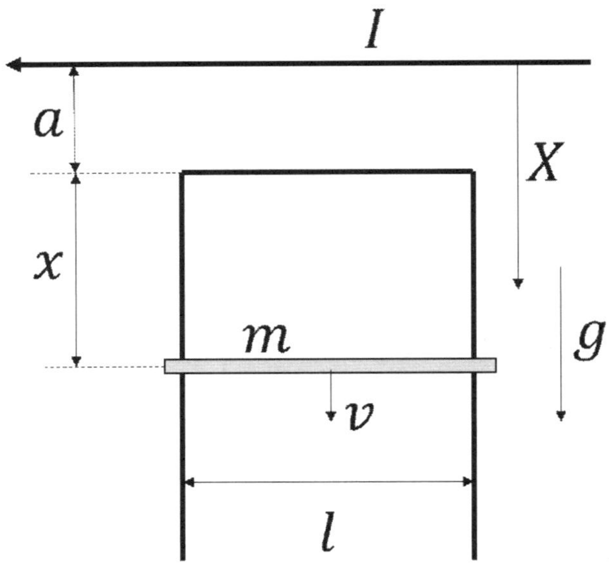

<그림 9-8>

막대가 ㄷ자 도선의 위쪽으로부터 x만큼 떨어진 곳을 지나는 순간에 ㄷ자 도선과 금속 막대에 의해 만들어지는 폐회로에 대해 자속은 직선 도선에 의한 자기장의 세기는 $B=k\frac{I}{X}$(k는 상수)로 쓸 수 있고 자기장 B와 면적 A가 도선으로부터의 거리 X에 따라 계속 변하므로 자속 Φ는 다음 적분을 통해 구할 수 있다. 이때 적분 구간은 $X=a$에서 $X=a+x$ 까지가 된다.

$$\Phi=\int BdA=\int_{a}^{a+x}k\frac{I}{X}ldX=kIl[\ln X]_{a}^{a+x}=kIl[\ln(a+x)-\ln a]$$

$$\Phi=kIl\ln\frac{a+x}{a}=kIl\ln(1+\frac{x}{a}) \quad \cdots\cdots\cdots\cdots \langle 식\ 9\text{-}21 \rangle$$

가 된다.

유도기전력은 $V=-N\frac{d\Phi}{dt}(N=1)$이므로 유도기전력의 크기는 <식 9-21>을 미분하는 것과 같고 $\frac{dx}{dt}=v$이므로

$$V=-\frac{d\Phi}{dt}=-k\frac{Il}{(a+x)}\frac{dx}{dt}=-k\frac{Il}{(a+x)}v \quad \cdots\cdots\cdots\cdots \langle 식\ 9\text{-}22 \rangle$$

가 된다.

10. 인덕턴스(Inductance)

9장에서 자석을 코일에 가까이하거나 멀리하든지 또는 코일을 자석에 가까이하거나 멀리하면 코일에 유도기전력이 발생함을 알았다.
〈그림 10-1〉의 (가)처럼 코일, 저항, 전지가 연결된 회로에 스위치를 연결하거나 제거할 경우 (나)처럼 전류가 흐른다. 왜 전류가 (나)처럼 흐르는지는 이장 끝부분에서 취급한다.

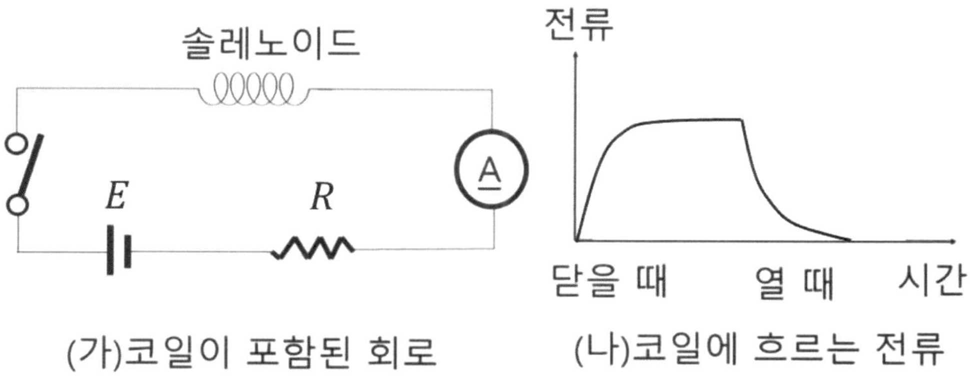

〈그림 10-1〉

〈그림 10-2〉의 (가)처럼 스위치를 연결하기 전 코일의 한 단면의 자속 Φ_B를 생각하면

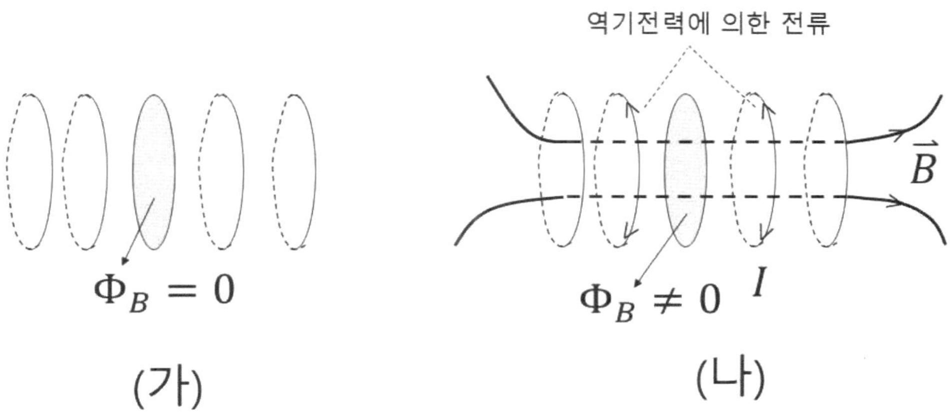

〈그림 10-2〉

$\Phi_B = 0$이고 스위치를 연결하면 코일 속에 자기장 $\vec{B}$가 형성되어 $\Phi_B \neq 0$가 된다. 그러므로 패러데이 전자기 유도 법칙에 의해 자속 변화를 방해하는 방향으로 유도기전력(역기전력) ε가 발생한다.

$\varepsilon = -N\frac{\Delta\Phi}{\Delta t}$이고 고리 한 개, $N=1$을 고려하면

$$\varepsilon = -\lim_{\Delta t \to \infty} \frac{\Delta \Phi}{\Delta t} = -\frac{d\Phi}{dt} \quad \cdots\cdots\cdots\cdots \text{〈식 10-1〉}$$

로 쓸 수 있다. ε는 〈그림 10-1〉의 (가)와 반대 방향으로 〈그림 10-2〉의 (나)에서 ε에 의한 전류는 I와 반대 방향이다.

코일 속의 자속 변화는 코일에 흐르는 전류 I의 변화에 의한 것이므로 〈식 10-1〉은

$$\varepsilon = -\frac{d\Phi}{dt} = -\frac{d\Phi}{dI}\frac{dI}{dt} = -L\frac{dI}{dt} \quad \cdots\cdots\cdots\cdots \text{〈식 10-2〉}$$

로 표현할 수 있고 L을 자체 인덕턴스(self-inductance)라고 한다.

다른 방법을 생각해보면 우선 〈그림 10-2〉의 고리의 자속 Φ는 전류 I에 비례하므로 $\Phi \propto I$로 둘 수 있고 비례상수 L을 도입하면

$$\Phi = LI \quad \cdots\cdots\cdots\cdots \text{〈식 10-3〉}$$

가 되므로

$$\varepsilon = -\frac{d\Phi}{dt} = -\frac{d(LI)}{dt} = -L\frac{dI}{dt}$$

가 된다.

이번에는 〈그림 10-3〉처럼 감긴 수가 각각 N_1, N_2인 1차 코일과 2차 코일이 함께 있는 경우를 생각해보자.

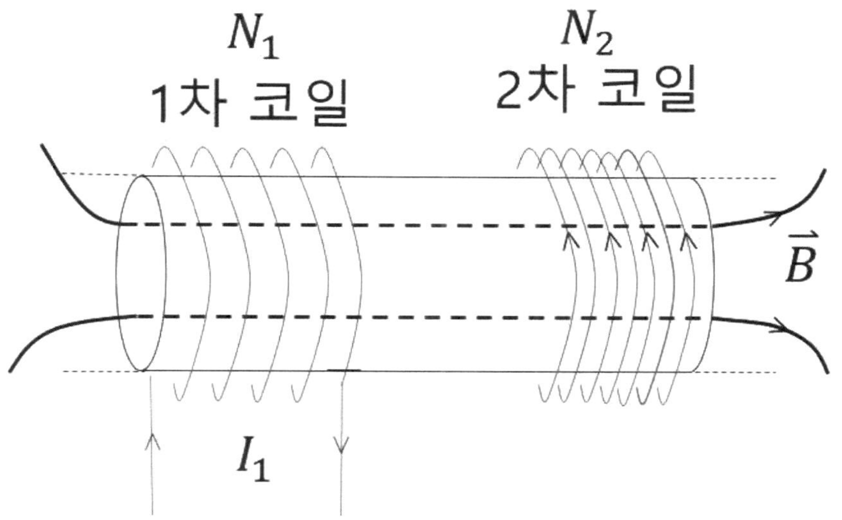

<그림 10-3>

1차 코일에 전류가 흐르면 2차 코일에는 자속 증가를 방해하는 방향으로 유도기전력 ε가 발생한다. $\varepsilon = -N_2 \frac{d\Phi_2}{dt}$이고 $d\Phi_2$는 1차 코일의 전류 dI_1에 의해 발생한 것이므로

$$\varepsilon = -N_2 \frac{d\Phi_2}{dI_1} \frac{dI_1}{dt} = -M \frac{dI_1}{dt} \quad \cdots\cdots\cdots\cdots \langle 식\ 10\text{-}4 \rangle$$

으로 표현할 수 있고 M을 상호 인덕턴스(mutual-inductance)라고 한다.

다른 방법을 생각해보면 우선 <그림 10-3>의 2차 코일의 고리 1개를 고려하면 Φ_2는 전류 I_1에 비례하므로 $\Phi_2 \propto I_1$로 둘 수 있고 비례상수 M을 도입하면

$$\Phi_2 = MI_1 \quad \cdots\cdots\cdots\cdots \langle 식\ 10\text{-}5 \rangle$$

이 되므로

$$\varepsilon = -\frac{d\Phi_2}{dt} = -\frac{d(MI_1)}{dt} = -M \frac{dI_1}{dt}$$

이 된다.

1. 아주 긴 솔레노이드의 자체 인덕턴스

<그림 10-4>와 같이 단위 길이당 n번 감겨져 있는 긴 솔레노이드의 자체 인덕턴스 L은 어떻게 될까?

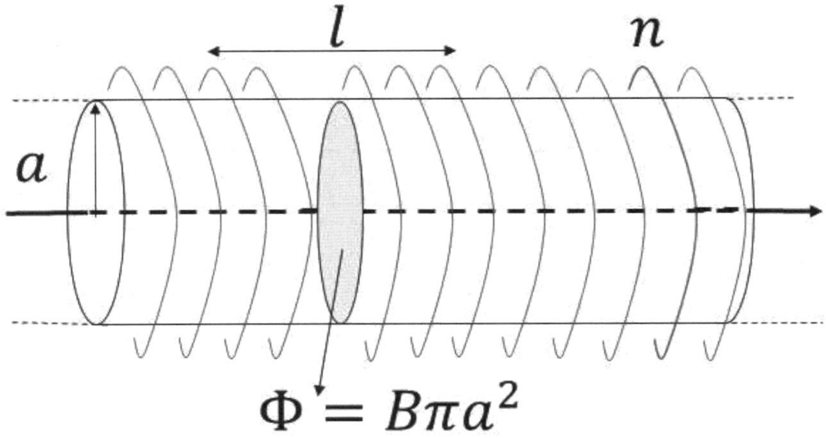

<그림 10-4>

솔레노이드에 흐르는 전류가 I일 때 자기장 B는 <식 6-21>에 의해 $B=\mu_0 nI$이고 길이 l에 대한 자속은

$$\Phi=\int \vec{B}\cdot d\vec{a}=B\int da=B(nl)\pi a^2=\mu_0 nI(nl)\pi a^2=\mu_0 n^2 l\pi a^2 I \quad \cdots\cdots\cdots\cdots \langle 식\ 10\text{-}6\rangle$$

가 된다. <식 10-3>과 비교하고 단위 길이당 자체 인덕턴스는

$$L=\mu_0 n^2\pi a^2 \quad \cdots\cdots\cdots\cdots \langle 식\ 10\text{-}7\rangle$$

이다.

2. 단면적이 직사각형인 원환체의 자체 인덕턴스

<그림 10-5>와 같이 모두 N번 감겨져 있는 원환체의 자체 인덕턴스 L은 어떻게 될까?

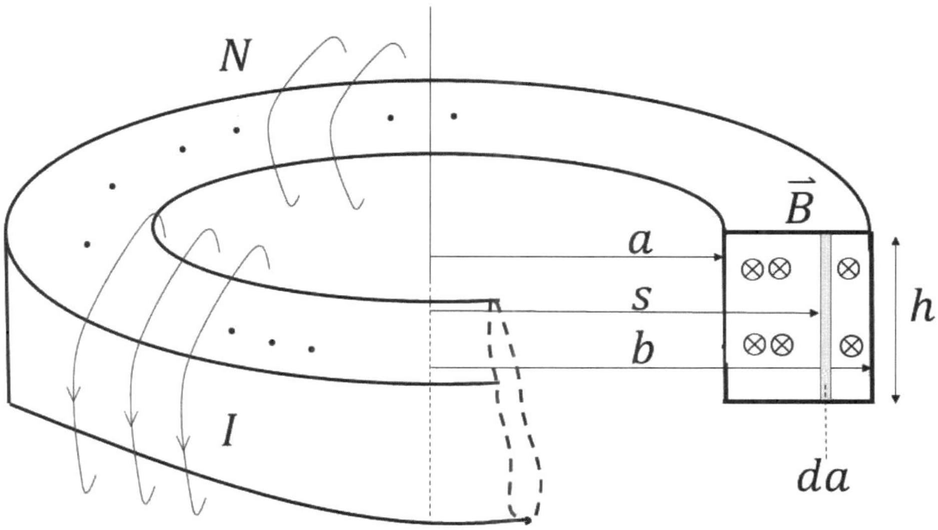

<그림 10-5>

원환체에 흐르는 전류가 I일 때 자기장 B는 <식 6-22>에 의해 $B = \frac{\mu_0 NI}{2\pi s}$이고 중심축에서의 거리 s가 증가하면 B의 크기는 줄어든다. 원환체의 직사각형 고리 한 개의 작은 면적 da는 $da = hds$이므로 고리 한 개의 자속은

$$\Phi_{1개} = \int \vec{B} \cdot d\vec{a} = \int \frac{\mu_0 NI}{2\pi s} hds = \frac{\mu_0 NI}{2\pi} h \int \frac{1}{s} ds$$

가 된다. s의 적분 구간은 a에서 b까지이고 N개에 대한 자속은

$$\Phi_N = N\Phi_{1개} = N\frac{\mu_0 NI}{2\pi} h \int_a^b \frac{1}{s} ds = \frac{\mu_0 N^2}{2\pi} h \ln\left(\frac{b}{a}\right) I \cdots\cdots\cdots\cdots \text{<식 10-8>}$$

가 된다. <식 10-3>과 비교하면 자체 인덕턴스는

$$L = \frac{\mu_0 N^2}{2\pi} h \ln\left(\frac{b}{a}\right) \cdots\cdots\cdots\cdots \text{<식 10-9>}$$

이다.

3. 코일에 흐르는 전류 변화

〈그림 10-1〉의 (나)와 같이 코일에 흐르는 전류의 변화를 알아보자.

먼저 스위치를 닫을 때, E는 기전력, L(단위: H(헨리))은 자체 인덕턴스, V_R은 저항에 걸리는 전압, V_L은 코일에 걸리는 전압이라 할 때 키리히호프 법칙에 의해

$$E - V_R - V_L = 0 \quad \cdots\cdots\cdots\cdots \text{〈식 10-10〉}$$

이 된다. 여기서 $V_R = IR$이고 코일에서 발생하는 유도기전력은 $V_L(=\varepsilon)$은 〈식 10-2〉에 의해 전류에 의해 코일 자체의 자기력선속이 변하므로

$$V_L = N\frac{d\Phi}{dt} = N\frac{d\Phi}{dI}\frac{dI}{dt} = L\frac{dI}{dt}$$

가 되어 〈식 10-10〉을 전류가 포함된 식으로 표현하면

$$E = IR + L\frac{dI}{dt} \quad \cdots\cdots\cdots\cdots \text{〈식 10-11〉}$$

가 된다. 전류 I를 구하기 위해 $t=0$일 때 $I=0$, t초일 때 전류를 I라고 하면 〈식 10-11〉의 적분은

$$\int_0^I \frac{1}{I - \frac{E}{R}} dI = \int_0^t -\frac{R}{L} dt \quad \cdots\cdots\cdots\cdots \text{〈식 10-12〉}$$

가 되고, $\left[\ln\left(I - \frac{E}{R}\right)\right]_0^I = \left[-\frac{R}{L}t\right]_0^t$의 식을 정리하면

$$I = \frac{E}{R}\left(1 - e^{-\frac{R}{L}t}\right) \quad \cdots\cdots\cdots\cdots \text{〈식 10-13〉}$$

이 된다. 〈식 10-13〉을 그래프로 나타내면 〈그림 10-6〉과 같이 된다.

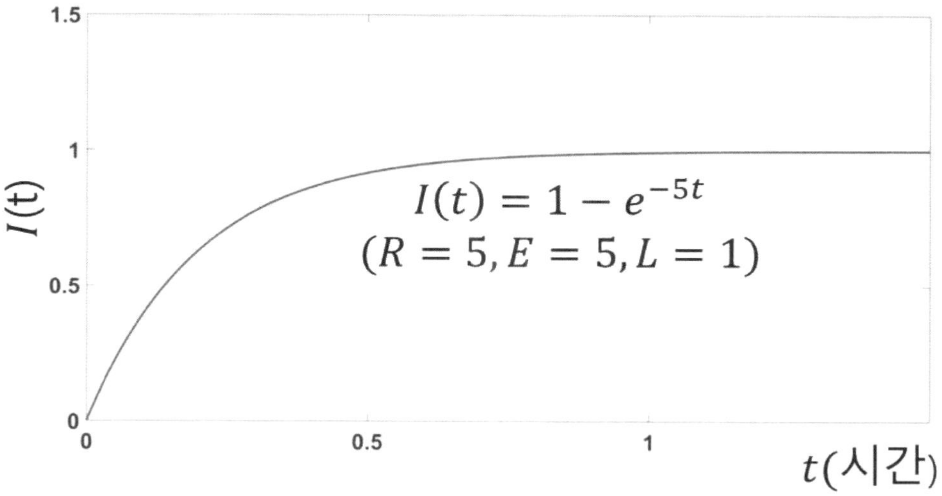

<그림 10-6>

<그림 10-6>을 보면 코일은 처음 저항값을 가지다가 시간이 지나면 저항값이 0이 됨을 알 수 있다. $t \rightarrow \infty$이면 회로에 흐르는 전류는 <식 10-13>에서 $I = \dfrac{E}{R}$가 된다.

다음으로 스위치를 열 때의 상황을 알아보자. 먼저 $E = 0$이 되므로 <식 10-11>은

$$0 = IR + L\frac{dI}{dt} \quad \cdots\cdots\cdots\cdots \text{<식 10-14>}$$

가 되며, 전류 I를 구하기 위해 $t = 0$일 때 $I_0 = \dfrac{E}{R}$, t초일 때 전류를 I라고 하면 <식10-14>의 적분은

$$\int_{I_0}^{I} \frac{1}{I} dI = \int_0^t -\frac{R}{L} dt \quad \cdots\cdots\cdots\cdots \text{<식 10-15>}$$

가 되고, $[\ln I]_{I_0}^{I} = \left[-\dfrac{R}{L}t\right]_0^t$의 식을 정리하여 표현하면

$$I = \frac{E}{R}\left(e^{-\frac{R}{L}t}\right) \quad \cdots\cdots\cdots\cdots \text{<식 10-16>}$$

가 된다. <식 10-16>을 그래프로 나타내면 <그림 10-7>과 같이 된다.

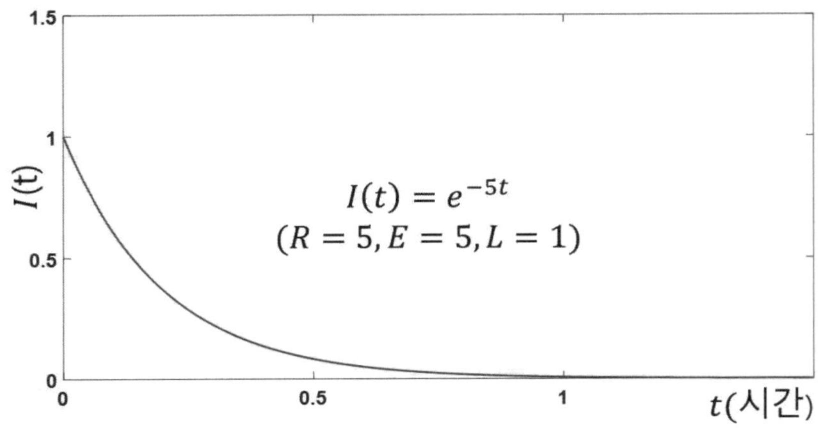

〈그림 10-7〉

〈그림 10-7〉 그래프를 보면 전원 장치의 기전력 E가 0이 되어도 회로에는 전류가 흐르고 있음을 알 수 있는데 이는 코일에 의한 유도기전력이 형성되었기 때문이다.

$t \to \infty$이면 회로에 흐르는 전류는 〈식 10-16〉에서 $I = 0$이 된다.

스위치를 열고 닫을 때의 전류 그래프를 〈그림 10-6〉과 〈그림 10-7〉의 그래프를 이용하여 함께 나타내면 다음 〈그림 10-8〉이 된다.

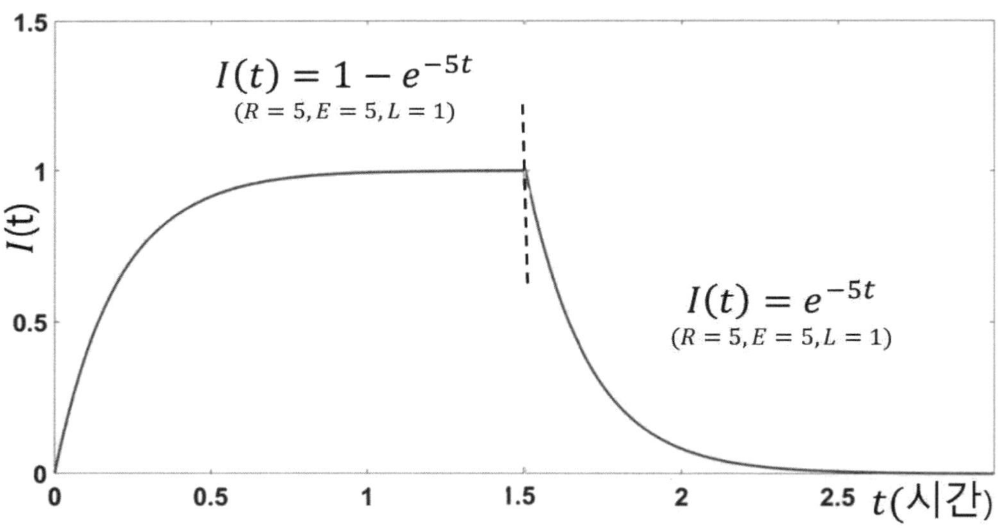

〈그림 10-8〉

스위치를 닫는 순간 코일에 흐르는 전류의 세기는 곧 $\dfrac{E}{R}$가 되지 않고 충분한 시간이 지나서야

$I = \dfrac{E}{R}$에 도달한다. 시간이 걸리는 이유는 렌츠 법칙에 따라 코일에 흐르는 전류와 반대 방향으로 기전력이 유도되기 때문이다. 또한, 스위치를 여는 순간 코일에 흐르는 전류가 곧 0이 되지 않고 약간의 시간이 흐른 뒤에 0이 되는 이유는 렌츠 법칙에 따라 원래의 기전력과 같은 방향으로 기전력이 유도되기 때문이다. 이때 발생하는 기전력은 매우 크다. 그 이유는 순간적으로 급격하게 전류의 변화가 일어나므로 시간에 대한 자기 선속의 변화율이 크기 때문이다.

4. 코일의 상호 인덕턴스

<그림 10-9>와 같이 단위 길이당 n_2번 감겨져 있는 긴 솔레노이드에 전류 I가 흐르고 있을 때 단위 길이당 n_1번 감겨져 있는 솔레노이드의 상호 인덕턴스 M은 어떻게 될까?

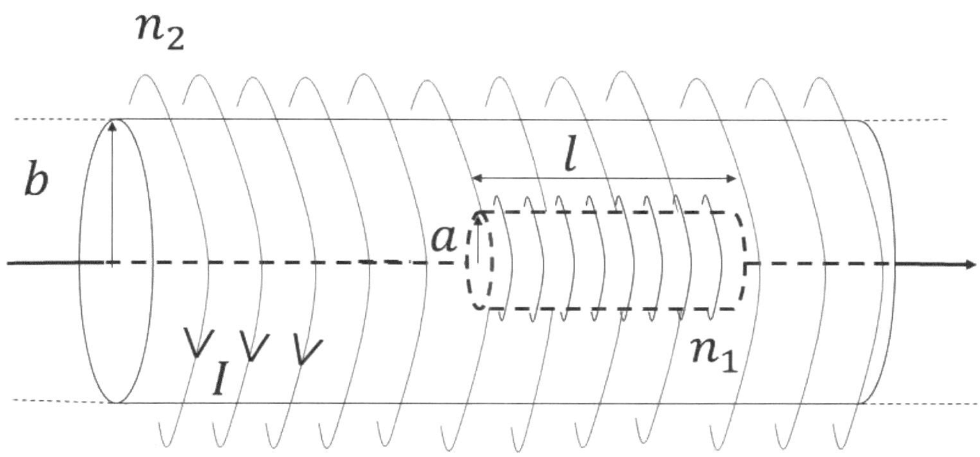

<그림 10-9>

긴 솔레노이드 내부의 자기장 B는 <식 6-21>에 의해 $B = \mu_0 n_2 I$이고 작은 솔레노이드 고리 한 개의 작은 면적은 $A = \pi a^2$이므로 작은 고리 한 개의 자속은

$$\Phi_{1개} = \int \vec{B} \cdot d\vec{a} = \mu_0 n_2 I \int da = \mu_0 n_2 I(\pi a^2)$$

이 된다. 길이 l에 대한 자속 Φ_l은

$$\Phi_l = n_1 l \Phi_{1개} = n_1 l[\mu_0 n_2 I(\pi a^2)] = \mu_0 \pi a^2 n_1 n_2 l I \cdots\cdots\cdots\cdots \langle 식\ 10\text{-}17 \rangle$$

이 된다. <식 10-5>와 비교하면 상호 인덕턴스는

$$M = \mu_0 \pi a^2 n_1 n_2 l \quad \cdots\cdots\cdots\cdots \text{<식 10-18>}$$

이다.

5. 큰 고리와 작은 고리의 선속 및 상호 인덕턴스

<그림 10-10>처럼 큰 고리에 전류 I가 흐르고 이 고리와 평행한 아주 작은 고리가 z만큼 떨어져 있을 때 작은 고리의 자속 Φ_{small}을 구해보자.

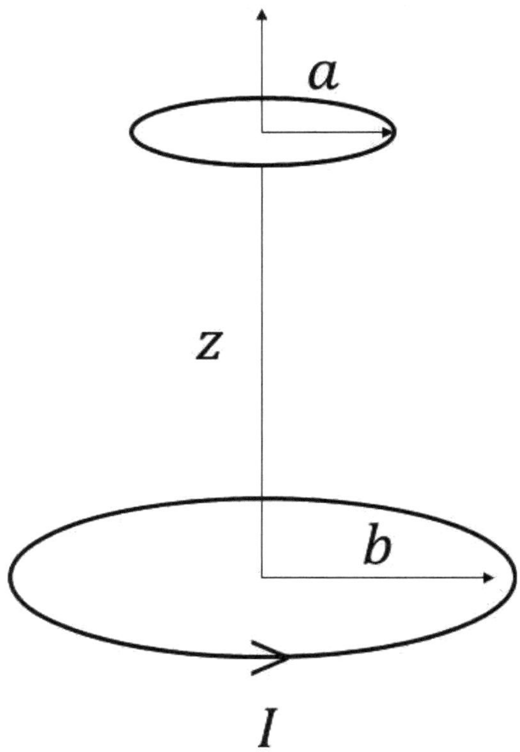

<그림 10-10>

전류가 작은 고리 중심에 생성하는 자기장은 <식 6-8>에 의해 $R \to b$로 두면 $\vec{B} = \frac{\mu_0 I}{2} \frac{b^2}{(b^2+z^2)^{\frac{3}{2}}} \hat{z}$ 이다. 작은 고리의 반지름이 아주 작으면 작은 고리 면적을 지나는 자기장 $\vec{B}$는 모두 $\hat{z}$방향으로 생각할 수 있고 그러면 $\vec{da} = da\hat{z}$이므로 자속 Φ_{small}은

$$\Phi_{small} = \int \vec{B} \cdot \vec{da} = \int Bda = \frac{\mu_0 I}{2} \frac{b^2}{(b^2+z^2)^{\frac{3}{2}}} \int da = \frac{\mu_0 I}{2} \frac{b^2}{(b^2+z^2)^{\frac{3}{2}}} \pi a^2 \cdots\cdots\cdots \langle 식\ 10\text{-}19 \rangle$$

이 된다.

이번에는 <그림 10-11>의 (가)처럼 아주 작은 고리에 전류 I가 흐르고 이 고리와 평행한 큰 고리가 z만큼 떨어져 있을 때 큰 고리의 자속 Φ_{large}와 상호 인덕턴스 M을 구해보자.

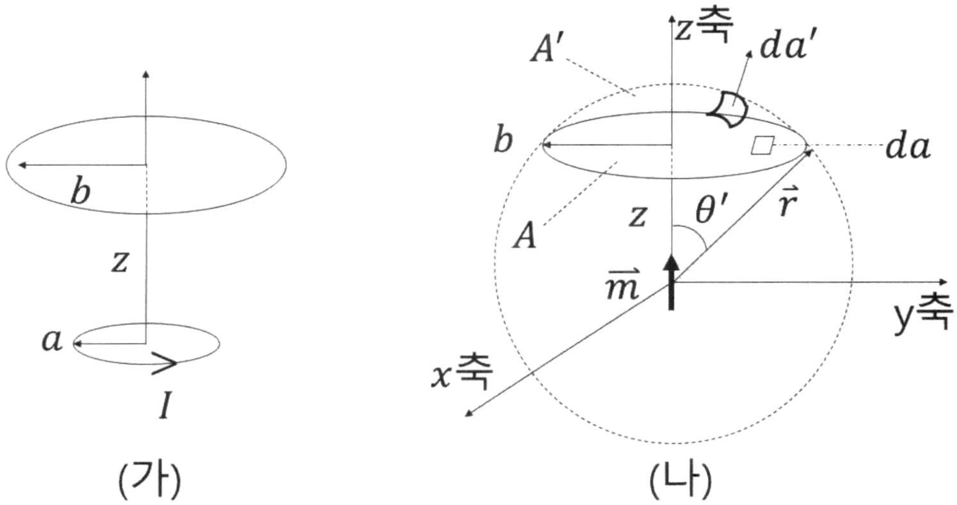

<그림 10-11>

아주 작은 고리가 큰 고리에 형성하는 자기장은 큰 고리의 면적이 크므로 미소 면적 마다 자기장의 방향이 다르므로 $\Phi_{large} = \int \vec{B} \cdot \vec{da}$를 계산하기 어렵다. 그러므로 <그림 10-11>의 (나)처럼 작은 고리를 자기 쌍극자 모멘트 m으로 생각하면 m에 의한 자기장은 <식 8-4>에 의해

$$\overrightarrow{B_{dipole}} = \frac{\mu_0}{4\pi} \frac{m}{r^3} (2\cos\theta \hat{r} + \sin\theta \hat{\theta}) \cdots\cdots\cdots\cdots \langle 식\ 10\text{-}20 \rangle$$

이다. 큰 고리의 면적 $A(\pi b^2)$에서의 자속이나 A를 둘러싼 곡면 A'에서의 자속은 같다. 그러므로 $\Phi_{large} = \int \vec{B} \cdot \vec{da'}$에서 $\vec{da'} = r^2 \sin\theta d\theta d\phi \hat{r}$을 이용하면

$$\Phi_{large} = \int \vec{B} \cdot \vec{da'} = \int \frac{\mu_0}{4\pi} \frac{m}{r^3} (2\cos\theta \hat{r} + \sin\theta \hat{\theta}) \cdot r^2 \sin\theta d\theta d\phi \hat{r} \cdots\cdots\cdots\cdots \langle 식\ 10\text{-}21 \rangle$$

이 된다. $\hat{\theta} \cdot \hat{r} = 0$, $\int d\phi = 2\pi$, $m = I\pi a^2$을 적용하면

$$\Phi_{large} = \int \vec{B} \cdot d\vec{a} = \frac{\mu_0 I\pi a^2}{4\pi r^3} 2r^2 2\pi \int \cos\theta \sin\theta d\theta = \frac{\mu_0 I\pi a^2}{r} \int \cos\theta \sin\theta d\theta \quad \cdots\cdots\cdots \langle 식\ 10\text{-}22 \rangle$$

가 된다. θ에 대한 적분 구간은 0에서 θ'이고 θ에 대한 적분을 계산해 보면

$\int_0^{\theta'} \cos\theta \sin\theta d\theta$에서 $\sin\theta = t$로 두면 $\int_0^{\sin\theta'} t dt = \left[\frac{t^2}{2}\right]_0^{\sin\theta'} = \frac{1}{2}(\sin\theta')^2$이 되고 $\sin\theta' = \frac{b}{r}$이므로

$$\int_0^{\theta'} \cos\theta \sin\theta d\theta = \frac{1}{2}\left(\frac{b}{r}\right)^2$$

이 된다. 이를 <식 10-22>에 대입하면

$$\Phi_{large} = \frac{\mu_0 I\pi a^2}{r} \int \cos\theta \sin\theta d\theta = \frac{\mu_0 I\pi a^2}{r} \frac{1}{2}\left(\frac{b}{r}\right)^2 \quad \cdots\cdots\cdots\cdots \langle 식\ 10\text{-}23 \rangle$$

이 된다. $r = \sqrt{z^2 + b^2}$이므로

$$\Phi_{large} = \frac{\mu_0 I\pi a^2}{\sqrt{z^2 + b^2}} \frac{1}{2}\left(\frac{b}{\sqrt{z^2 + b^2}}\right)^2 = \frac{\mu_0 I}{2} \frac{b^2}{(b^2 + z^2)^{\frac{3}{2}}} \pi a^2 \quad \cdots\cdots\cdots\cdots \langle 식\ 10\text{-}24 \rangle$$

이 된다. <식 10-24>와 <식 10-19>는 같고 상호 인덕턴스 M은 아주 작은 고리와 큰 고리에서 Φ_{large}와 Φ_{small}이 서로 같으므로 <식 10-5>를 참고하면

$$M_{large} = M_{small} = \frac{\mu_0}{2} \frac{b^2}{(b^2 + z^2)^{\frac{3}{2}}} \pi a^2$$

으로 서로 같다.

11. 부록

<부록 1>

단위벡터는 크기가 1이고 방향을 가진 벡터로 다음 그림처럼 벡터 $\vec{A}$의 단위벡터 $\hat{A}$은

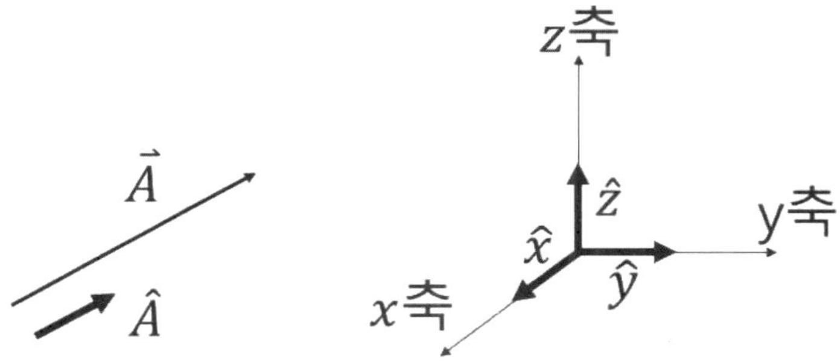

$\hat{A}=\dfrac{\vec{A}}{|\vec{A}|}$ 으로 정의된다. 3차원 직각 좌표계에서 x, y, z축의 단위벡터는 각각 $\hat{x}, \hat{y}, \hat{z}$으로 표시하고 방향은 각각 x축, y축, z축 방향이다.

<부록 2>

두 벡터 $\vec{A}, \vec{B}$가 θ의 각을 이루고 있을 때 일반적으로 합 벡터 $\vec{C}$의 크기는

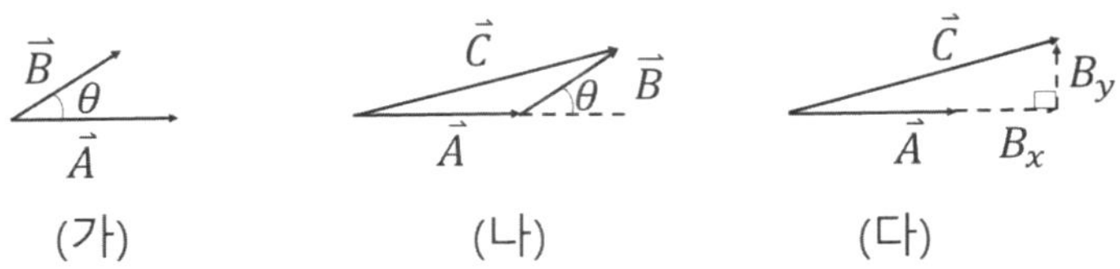

(가)에서 벡터 $\vec{B}$를 평행 이동시켜 (나)와 같이 두면 합 벡터는 $\vec{C}$가 되는데 $\vec{C}$의 크기를 구하기 위해 (다)처럼 벡터 $\vec{B}$를 벡터 $\vec{A}$와 나란한 성분 $\vec{B_x}$와 $\vec{A}$에 수직인 성분 $\vec{B_y}$로 분해하면

$$\vec{C}=(\vec{A}+\vec{B_x})+\vec{B_y}$$

가 되고, $\vec{C}$의 크기는

$$|\vec{C}|=\sqrt{(A+B_x)^2+B_y^2}$$

이 된다. $B_x = B\cos\theta, B_y = B\sin\theta$를 대입하면

$$|\vec{C}| = \sqrt{(A+B\cos\theta)^2+(B\sin\theta)^2} = \sqrt{A^2+B^2+2AB\cos\theta}$$

가 성립한다.

<부록 3>

두 벡터의 곱은 두 가지가 있다.

첫 번째 $\vec{A} \cdot \vec{B}$는 내적을 의미하고 두 벡터의 크기에 두 벡터가 이루는 각 θ의 $\cos\theta$를 곱한다.

$\vec{A} \cdot \vec{B} = |A||B|\cos\theta$와 같고 방향이 없는 스칼라(scalar)양이다.

두 번째 $\vec{A} \times \vec{B}$는 외적을 의미하고 두 벡터의 크기에 두 벡터가 이루는 각 θ의 $\sin\theta$를 곱한다.

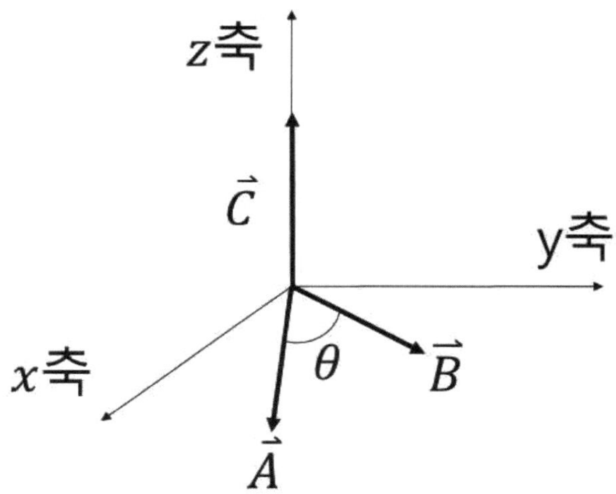

그림처럼 xy평면에 놓여 있는 $\vec{A}$와 $\vec{B}$의 외적은 $\vec{C} = \vec{A} \times \vec{B} = |A||B|\sin\theta\hat{z}$이고 방향은 $\vec{A}$에서 $\vec{B}$로 돌아가는 방향으로 손가락으로 감쌀 때 펴진 엄지손가락 방향이 두 벡터의 곱 방향이다.

<부록 4>

$x = \tan\theta$에서 $\dfrac{dx}{d\theta}$를 구하면

$$\frac{dx}{d\theta} = \frac{d}{d\theta}(\tan\theta) = \frac{d}{d\theta}\left(\frac{\sin\theta}{\cos\theta}\right)$$

가 되고 $f = f(x), g = g(x)$일 때 $\frac{d}{d\theta}\left(\frac{f}{g}\right) = \frac{gf' - fg'}{g^2}$ 관계를 적용하면

$$\frac{dx}{d\theta} = \frac{d}{d\theta}\left(\frac{\sin\theta}{\cos\theta}\right) = \frac{\cos\theta(\sin\theta)' - \sin\theta(\cos\theta)'}{\cos^2\theta} = \frac{1}{\cos^2\theta}$$

이다. $\sec\theta = \frac{1}{\cos\theta}$ 이므로 $\frac{dx}{d\theta} = \sec^2\theta$이다. 그러므로

$$dx = \sec^2\theta d\theta$$

가 된다.

<부록 5>

그림에서 ϕ에 대한 적분 $\int d\phi$는 $\phi = 0$에서 $\phi = 2\pi$이므로

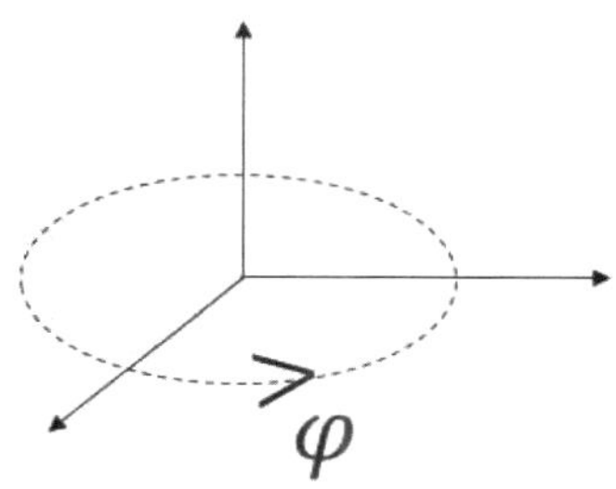

$$\int_0^{2\pi} d\phi = 2\pi$$

가 된다.

<부록 6>

$-1 < x \leq 1$일 때 (p는 양수 또는 음수인 임의의 실수) 다음 이항정리 식을 사용하면 된다.

$$(1+x)^p = 1 + px + \frac{p(p-1)}{2!}x^2 + \frac{p(p-1)(p-2)}{3!}x^3 + \dots$$

<부록 7, 8>

구면좌표계의 다음 그림에서

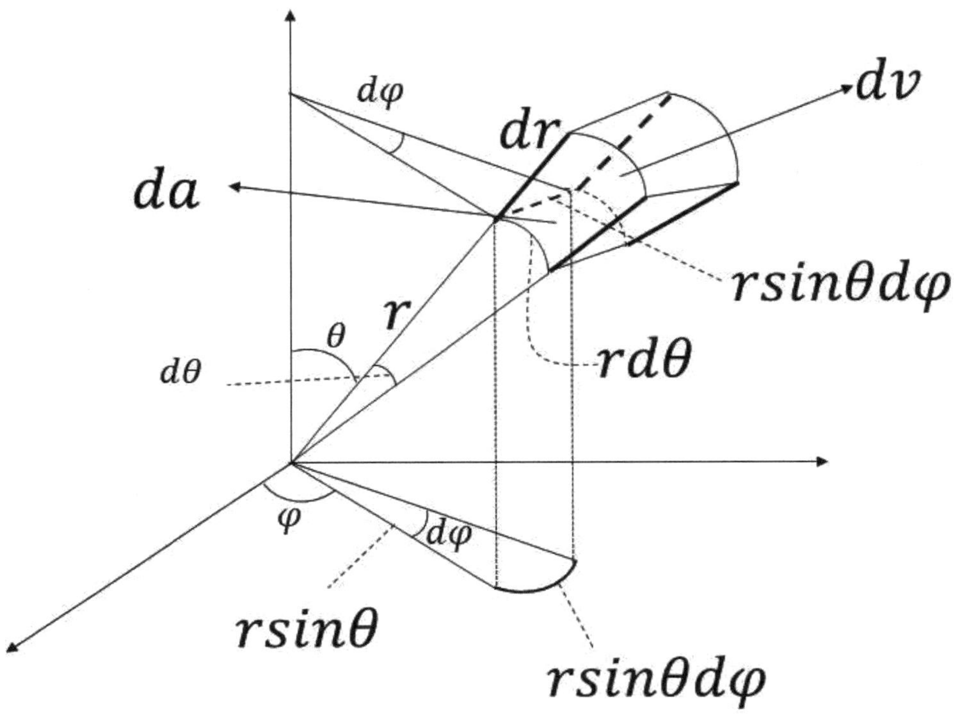

미소 표면적 da는 $rd\theta$와 $r\sin\theta d\phi$의 곱이므로

$$da = rd\theta r\sin\theta d\phi = r^2\sin\theta d\theta d\phi$$

가 된다.

미소 체적 dv는 da에 dr을 곱하면 되므로

$$dv = da \times dr = rd\theta r\sin\theta d\phi dr = r^2\sin\theta dr d\theta d\phi$$

가 된다.

<부록 9>

$z=\cot\theta$에서 $\dfrac{dz}{d\theta}$를 구하면

$$\frac{dz}{d\theta}=\frac{d}{d\theta}(\cot\theta)=\frac{d}{d\theta}\left(\frac{\cos\theta}{\sin\theta}\right)$$

가 되고 $f=f(x), g=g(x)$일 때 $\dfrac{d}{d\theta}\left(\dfrac{f}{g}\right)=\dfrac{gf'-fg'}{g^2}$ 관계를 적용하면

$$\frac{dz}{d\theta}=\frac{\sin\theta(\cos\theta)'-\cos\theta(\sin\theta)'}{\sin^2\theta}=-\frac{1}{\sin^2\theta}$$

이다. $\csc\theta=\dfrac{1}{\sin\theta}$이므로 $\dfrac{dz}{d\theta}=-\csc^2\theta$이다. 그러므로

$$dz=-\csc^2\theta d\theta$$

가 된다.

<부록 10>

그림처럼 원 운동하는 물체의 경우 dt동안 ds만큼 이동할 경우 속력은

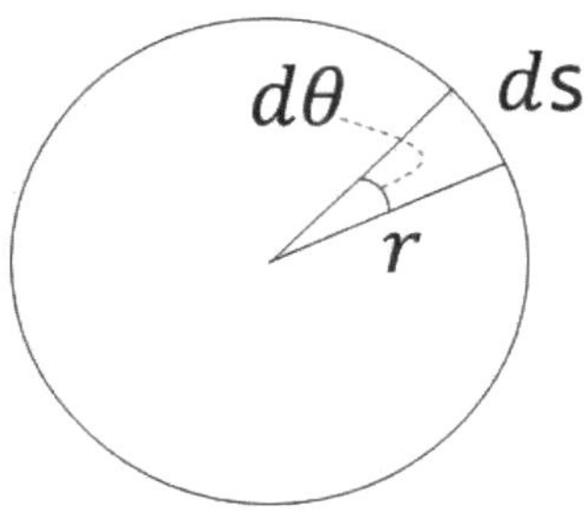

$$v=\frac{ds}{dt}=\frac{rd\theta}{dt}=r\frac{d\theta}{dt}=r\omega$$

이다.

<부록 11>

$$\int_0^\pi \sin^3\theta d\theta=\int_0^\pi \sin^2\theta\sin\theta d\theta=\int_0^\pi(1-\cos^2\theta)\sin\theta d\theta$$

이고 $\cos\theta=t$로 두면 식은

$$\int_0^{\pi} \sin^3\theta d\theta = \int_{-1}^{1} (1-t^2)dt = \frac{4}{3}$$

가 된다.

저자 김성태

부산대학교 사범대학 물리교육과 졸업

부산대학교 대학원 박사과정 수료

전자기학, 수식으로 표현해 보자

초판발행 | 2024년 10월 15일
초판1쇄인쇄 | 2024년 10월 15일

지은이 | 김성태
펴낸이 | 성종규
펴낸곳 | 잼난인연
주소 | 부산시 금정구 금강로 285 (46286)
전화 | 051) 581-0213
팩스 | 051) 581-2103
E-mail | dall5724@naver.com
등록 | 제251-2007-1호(2007년 2월 1일)

ISBN 979-11-87315-38-4
979-11-87315-13-1 (세트)

• 세상에 꼭 있어야 할 가치로운 책이라면 이익에 구애치 않는다는 마음으로 책을 만듭니다.